CW00406157

Collection Architektur

Bernard Jeannel

# André Le Nôtre

Aus dem Französischen von Regula Wyss

Birkhäuser Verlag
Basel · Boston · Berlin

Die Originalausgabe erschien 1985 unter dem Titel ‚Le Nôtre' bei Fernand Hazan, Paris.




CIP-Kurztitelaufnahme der Deutschen Bibliothek

Jeannel, Bernard:
André Le Nôtre / Bernard Jeannel. Aus d. Franz. von Regula Wyss. – Basel ; Boston ; Berlin : Birkhäuser, 1988
(Collection Architektur)
Einheitssacht.: Le Nôtre ⟨dt.⟩
ISBN 3-7643-1888-0
NE: Le Nôtre, André [Ill.]


Layout: Gregor Messmer
Printed in Germany
ISBN 3-7643-1888-0

# Inhaltsverzeichnis



* Dieses Kapitel sowie der Abschnitt über Marly wurden von Jean-Christophe Bailly verfaßt.

# Einführung

„Sie sind ein glücklicher Mensch, Le Nôtre ...“

Louis XIV.

Forscher, Kritiker und Historiker legen immer wieder neue Untersuchungen über das Wesen der Gartenkunst und die besonderen Formen ihrer Kreativität vor und bereichern damit unser Wissen auch um neue Erkenntnisse zu André Le Nôtres Werk. Die Vertiefung des Wissens offenbart eine exaktere und zutreffendere Betrachtungsweise. Wie die Inszenierung eines Gartens, die nach und nach erst auf die Entdeckung der Hauptperspektive hinführt, schlummerte die Analyse der Kunst, in der Le Nôtre sich auszeichnete, friedlich in beschränkten Interpretationen, die üblicherweise auf den Vorrang des „französischen Geschmacks“ verweisen, der seinerseits vom „französischen Geist“ hervorgebracht worden ist. Le Nôtres Gärten, kostbare Juwelen aus dem Erbe des „Grand Siècle“, warteten schon lange darauf, auf eine neue Art angeschaut zu werden. Wenn das Bild von Frankreichs tüchtigstem Gärtner im Ausland bekannter ist als in seiner Heimat, dann wahrscheinlich deshalb, weil sein Werk in gewisser Hinsicht zu stark an eine heftig kritisierte Vergangenheit gebunden blieb. Den Gärten selber haben die heftigen Stürme, die die Geschichte Frankreichs seither erschütterten, stark zugesetzt, und nur wenige können, trotz einiger geglückter Restaurationen, von ihrem ursprünglichen Zustand Zeugnis ablegen.

Unter allen Betrachtungsweisen von Le Nôtres Kunst fehlte eine Interpretation, die geeignet ist, sie im Zusammenhang der Geschichte der Gärten neu zu sehen, nicht nur als einen besonderen Fall oder als eine spezifische Etappe innerhalb der Entwicklung dieser Kunst, sondern als Kristallisation, als verfeinerte Form einer Botschaft von universeller Gültigkeit, die jedem vollkommenen Kunstwerk innewohnt. Zweifellos ist Le Nôtre wegen seiner konzeptionellen Begabung gebeten worden, so viele Paläste und königliche Wohnsitze, die berühmtesten Europas, zu verherrlichen. In diesen Residenzen nahm die Kunst der Gärten eine bevorzugte Stellung ein, weil sie die Botschaft des Erhabenen ausdrücken konnte: der Garten mußte in seinem majestätischen Anblick überzeugend für das humanistische Ideal seines Auftraggebers sprechen; und der Künstler mußte den Wert der künstlerischen Aktivität der aufgeklärten Macht, die ihn gefördert hatte, und gleichzeitig seinen eigenen Wert, bestätigen.

Le Nôtre, der durch seinen Charakter oder durch die Umstände gezwungen war, sich gefällig und diskret zu zeigen, war sich indessen sehr wohl bewußt - wie die Künstler, die mit ihm zusammenarbeiteten –, daß seine Talente in Anspruch genommen wurden, um die Ausstattung einer Inszenierung herzurichten. Diese konnte, besonders bei großen Festen, so weit gehen, daß sie eine rituelle Choreographie darstellte, eine ebenso gelehrte wie geschickte Synthese der Schöpfungsmythen, Grundlage der Macht und deren Religion. Für Le Nôtre wie für viele seiner Vorgänger, deren Lehre er folgen wollte, war die Kunst der Gärten kein Selbstzweck. Ein Garten, selbst ein klassischer, kann nur beurteilt werden, wenn es ihm glückt, in der Harmonie seiner Anlagen versteckt die Summe des Wissens auszudrücken, das die neuen ethischen Imperative der Macht stützt.

Das Bassin du Dragon in Versailles. Diese Gruppe aus Blei, ein Werk Marsys, wurde 1889 restauriert und bildet eine Einheit mit dem Bassin de Neptune.

In André Le Nôtres Gärten tragen die Ordnung, die Symmetrie, trägt alles zur Verständlichkeit bei. Indem der komponierte Garten den Rhythmus und die Anordnung der Gebäude, die er umschließt, fortsetzt, drückt er auf intellektuelle und gelehrte Weise deren rationale Gesetze aus, während er sich den Formen und Konturen der Natur widersetzt. Der Garten verbindet sich mit einem didaktischen Ziel: Ursache des Wohlgefallens ist nicht mehr ein einfacher Raum oder die Vision der Schönheit durch deren ideale Darstellung. In einer Epoche, da die mythologische Sprache die dem künstlerischen Europa gemeinsame Ausdrucksweise ist, sprechen sämtliche Gärten Le Nôtres eine Botschaft des Triumphes aus, die sich je nachdem offenbart oder verbirgt. Die klare Komposition der Parterres, die Öffnung der Perspektiven, die Wasserspiegel und die Springbrunnen sind wie die Bildhauerkunst mit Bedeutungen versehen: der Gärtner ist der Architekt des sichtbaren Gartens, und manchmal, in seinen großartigsten Realisierungen wie etwa in Versailles, ist der König selbst Urheber eines unsichtbaren Gartens, der den ersteren in Form eines Initiationsweges überlagert.

Wenn André Le Nôtre im Alter von dreiundzwanzig Jahren das Amt des Gärtners, das ihm sein Vater abtritt, annimmt, dann verzichtet er damit auf die Malerei, die Kunst, die er aus Neigung gewählt und der er sich schon sechs Jahre lang gewidmet hat. Zu dieser künstlerischen Ausbildung kommt eine Neugier für die wissenschaftlichen Experimente seiner Zeit. Dieses doppelte, gleichzeitig künstlerische und technische Interesse vermittelt ihm eine großzügigere Betrachtungsweise und umfassendere Möglichkeiten. Unterstützt durch die praktische Erfahrung, die er während seiner Kindheit in den königlichen Gärten erwarb, gelang es Le Nôtre, sich auf den ersten Platz unter den Gärtnern des Königreiches emporzuarbeiten, und zwar zu einem Zeitpunkt, da der Beruf des Gartenarchitekten in Frankreich soeben einen sozialen Status errungen hatte, der demjenigen der übrigen Künste vergleichbar war. Aber der erste Gärtner des Königreichs, der gewandt zu schreiben verstand, wovon seine Briefe Zeugnis ablegen, hat im Gegensatz zu vielen seiner Zeitgenossen keine theoretischen Schriften hinterlassen. Er vertraute auf die didaktische Kraft des Beispiels und der Zeichnung.

Le Nôtre, ein gutmütiger, einfacher Mensch im prachtvollen Dekor, der wie geschaffen war für einen König, der sich mit der Sonne verglich, hatte das Glück zu erleben, daß sein Talent gerade in diesem Moment anerkannt und geschätzt wurde. Neben seinem Amt als Erster Gärtner des Königs wurde er zum *Architecte Contrôleur* der Gebäude ernannt und später in einer Mission des Königs an die Akademie von Rom gesandt. Seine Leistungen wurden von den Schriftstellern seiner Zeit in anerkennender Weise kommentiert[1].

Le Nôtre war ein glücklicher Mensch und zweifellos einer der wenigen Künstler aller Zeiten, der sah, wie seine großartigsten Träume unter seinen

[1] „Der König hat soeben einen Mann verloren, der ihm zur Ehre gereichte und wie es nur wenige gibt, diensteifrig und sehr außergewöhnlich in seinem Können. Mr le Nostre, *Controlleur General* seiner Majestät über die Gebäude, Gärten, Künste und Manufakturen Frankreichs. Der König hatte ihm den *Saint Michel*-Orden überreicht, um die Wertschätzung und Achtung auszudrücken, die er ihm entgegenbrachte. Niemals hat ein Mann besser als er gewußt, was zur Schönheit der Gärten beiträgt, das anerkennt selbst Italien."
So berichtete der *Mercure Galant* vom September 1700 über Le Nôtres Tod.

Augen Form annahmen und lebten. Zum Preis einer zugleich ungewöhnlichen und transparenten Verbindung mit der Macht – mit der absolutesten Macht. Ein Wunsch nach Unvergänglichkeit drückte der Natur seinen Stempel auf, als ob es die Geschichte nicht gäbe, und doch reflektieren diese Gärten eine bestimmte Epoche und eine besondere Welt, sie sind ihre narzißtische Vision. Wenn man von einem Triumph des Klassizismus sprechen kann, dann begegnet man diesem in der Anordnung der Gärten, in der *Ratio* eines Le Nôtre.

Das Werk André Le Nôtres ist gänzlich in seinen Gärten. Wenn wir uns seiner Kunst zu nähern versuchen, ist es notwendig, die gezeichneten, gemalten oder gravierten Bilder beizuziehen. Der heutige Anblick der Parkanlagen und der Gärten, drei Jahrhunderte nach ihrer Entstehung, verlangt eine große Vorstellungskraft, um ihre ursprüngliche Schönheit wieder heraufzubeschwören. Von den komplexen und raffinierten Anlagen bleibt uns beinahe nur noch das Gerüst. Weit entfernt von der Welt, für deren Erhabenheit sie Ausdruck waren, machen uns Le Nôtres Gärten in der Melancholie ihrer stillen Strenge auch heute noch das Geschenk einer unbenutzbaren Ordnung, einer geometrischen Perfektion, die kunstvoll und gleichzeitig einfach ist. Hier soll versucht werden, das Vergnügen eines Spaziergangs in Versailles oder in le Vaux heute mit allen nur möglichen Mitteln durch die Lust an der Rekonstruktion dessen, was sie gewesen sind, zu ersetzen.

# Frankreich vor Le Nôtre

Eher sammelt, assimiliert und verbreitet das französische 17. Jahrhundert die theoretischen und praktischen Lehren, die sich seit der Renaissance angesammelt haben, als daß es eigentliche Neuerungen einführt. Die Renaissance hatte eine neue Wahrnehmungsweise des Raums und einen neuen Umgang mit der Natur entwickelt – als Folge des wiederentdeckten Wissens über die ideelle und physische Welt. Die neue Beziehung zur Natur ist in einem Denken begründet, das zugleich rationaler und symbolischer war. Es gibt nicht mehr nur eine Natur an sich, es gibt auch eine gedachte Natur: es ist die Sache der Gärtner, sich der Harmonisierung dieser beiden Welten zu widmen. Der Garten wird zu einem wirklichen, mit Bedeutungen versehenen Schauplatz, der vor eine ausgewählte Landschaft plaziert wird, die als Hintergrund dient. Zur Vergrößerung des Gartens selbst öffnet man seinen Raum auf die Ebenen, die Wasserflächen oder die Hügel zu. Jede Anlage ist das Ergebnis einer Vision des Ganzen, die selbst noch die Landschaft, ja sogar das Territorium miteinschließt.

Im mittelalterlichen Frankreich verwirklichten die Gärtner ihre idealisierte Vision der Natur. Der *Hortus conclusus,* der in sich geschlossene Garten, war gleichzeitig eine profane Version des Kreuzganges und die symbolische Darstellung des Paradieses. Das Wasser, meist in Form von Springbrunnen, verlieh diesen Gärten Frische und Lebendigkeit, hatte aber vor allem den Zweck, Beständigkeit und Harmonie dieser friedlichen und fruchtbaren Welt darzustellen, die rund um sein sprudelndes Zentrum angeordnet war. Der Garten war damals um ein Kreuz angelegt, das von den beiden Hauptalleen gebildet wurde, doppelte Allegorie des Raumes und der Religion, oder vielmehr Entsprechung und Überlagerung des religiösen und des physischen Raumes. Rasenflächen, Blumenparterres und häufig Weinlauben verzieren ihn. Der *courtil* oder *courtille* (Gärtchen) – der Ziergarten – wird vom Obst- oder Gemüsegarten klar unterschieden.

Während des ganzen Mittelalters entwickeln sich die Techniken des Gartenbaus gleichzeitig mit den Konzeptionen vom Garten – ein langsamer Prozeß mit einzelnen besonders hervortretenden Stationen. Im Jahre 812 ließ Karl der Große ein Kapitular verbreiten, das eine Sammlung des Wissens über Gartenbau und Gartenschmuck enthielt. Spuren davon finden sich in den Gärten des Klosters St. Gallen (820–830). Es folgen das Gedicht des Abtes Walafried, Strabo genannt, *Hortulus,* die Abhandlung Hildeberts, *De Ornatus Mundi,* das Gedicht der Äbtissin Harrade von Landsberg, *Hortus Deliciarium.* Schließlich die Abhandlung Alberts des Großen. Alle diese Werke beschreiben die Elemente der Gärten, die man in den Illustrationen der „Stundenbücher“ oder als Hintergrund der Gemälde wiederfindet, und die Szenen in dem *Roman de la Rose* verewigen eine Vorstellung davon[1].

Der Einfluß der Kreuzzüge, die Entdeckung der Gärten des Mittleren Orients und Italiens haben die Realisierung von noch bedeutenderen Gärten zur Folge, wie der Hesdin, der zwischen 1289 und 1295 von Robert

[1] „Lächelnd ging ich meinen freudigen Gedanken nach, als ich plötzlich einen sehr großen Obstgarten bemerkte, umschlossen von einer hohen gezackten Mauer, die bemalt und wie mit prächtigen Handschriften ziselliert war."

Zwei Illustrationen aus der *Hypnerotomachia Poliphili,* Venedig, 1499: Schnittpunkt von mittelalterlicher Einfriedung, Vitruvscher Renaissance und mythologischer Allegorie.

d'Artois geschaffen wurde und den Charles V. im Jahre 1373 besichtigen wollte, nachdem er Crescenzis *Traité d'agriculture* (Abhandlung zum Gartenbau), geschrieben 1304 in Bologna, hatte übersetzen lassen. Diese Abhandlung bildet den Ausgangspunkt der ersten wirklichen Gärten um den Palast des Louvre oder denjenigen des Hôtel Saint-Paul, der Privatresidenz des französischen Königs. Das wachsende Interesse, das dem Gartenbau in Norditalien entgegengebracht wird, führt zur Einrichtung des ersten botanischen Gartens in Florenz. Während der Wissensdurst größer wird, weitet sich gleichzeitig der Raum. Die fortschreitende Einführung eines neuen Raumes in Malerei und Architektur wird eine neue Theorie und eine neue Vorstellung vom Garten mit sich bringen.

An die Stelle des geschlossenen Abbildes vom Paradies, das die Grundlage der mittelalterlichen Gartenkomposition war, tritt allmählich ein gestalteter Raum von gleichmäßigem Umriß, der aus verschiedenen Elementen komponiert ist, die zueinander in Beziehung gesetzt sind, aus Elementen, die ein Zwiegespräch führen mit der Natur, statt sie symbolisch zu ersetzen. Es geht von jetzt an darum, die Landschaft in eine wohlgeordnete Komposition, wie ein Bild, umzugestalten. In Albertis Abhandlung über die Architektur *De Re Aedificatoria* (1452) ist oft vom Garten die Rede und vor allen Dingen davon, wie wichtig es sei, das Wohngebäude und den Garten als ein Ganzes zu behandeln, das mit der Landschaft in Einklang gebracht werden müsse. Alberti ist im Jahre 1459 am Entwurf des Gartens für die Villa Quaracchi in der Nähe von Florenz beteiligt, mit einem „giardino secreto" für Giovanni Ruccelai. In diesem ersten Garten im italienischen Stil, später auch in den Entwürfen der neoplatonischen Akademie Lorenzo de Medicis, wird der Garten mit Hilfe von Allegorien zu einem Ort des philosophischen Weges. Er ist von der Antike inspiriert, aber es ist eine völlig neue Vorstellung von der Welt, die den Raum gliedert und die einen Rahmen schafft für das gegenseitige Verweisen der Elemente aufeinander, für geometrische und symbolische Gegebenheiten, denen wir heute kaum gerecht werden können. Die Villa Medici und die Villa d'Este, die Gärten von Caprarole und von Bagnaia, jene von Boboli, die Villa Aldobrandini in Frascati oder auch die Villa Lante und die Villa Borghese, Isola Bella, sind die bekanntesten Beispiele dieser Gärten aus Italien, deren Vorbild besonders in Fontainebleau und um die Loire-Schlösser „ins Französische" übertragen werden wird. Eine gemeinsame mythologische Inspiration, eine gemeinsame Definition des Raumes ordnen und beleben sie[1]. Die berühmte *Hypnerotomachia Poliphili,* im Jahre 1499 in Venedig gedruckt und im allgemeinen Francesco Colonna zugeschrieben, liefert in gewisser Weise den Schlüssel zu den mythologischen Verweisen und Allegorien, deren geheime Sprache die Gärten in ihren Alleen, Brunnen, Grotten und Unterhölzern zur Schau stellen. Das gab es in Italien, aber gleichermaßen in Frankreich, wo die Gestaltungen der *Fontaine belle eau* in direkter Linie von dem Manna herzurühren scheint, das uns durch den „Traum Poliphils" zukommt.

[1] An den Plänen für diese Gärten in Italien arbeiteten bedeutende Renaissance-Architekten mit: nicht nur Alberti, sondern auch Vignola, Sangallo, Giulio Romano, Bramante. Besonders Bramantes Rolle muß hervorgehoben werden: wie der *Tempietto* für die Architektur, war der *Cortile del Belvedere,* den er ganz zu Beginn des 16. Jahrhunderts für Julius II schuf, eine Art Manifest des neuen Sehens.

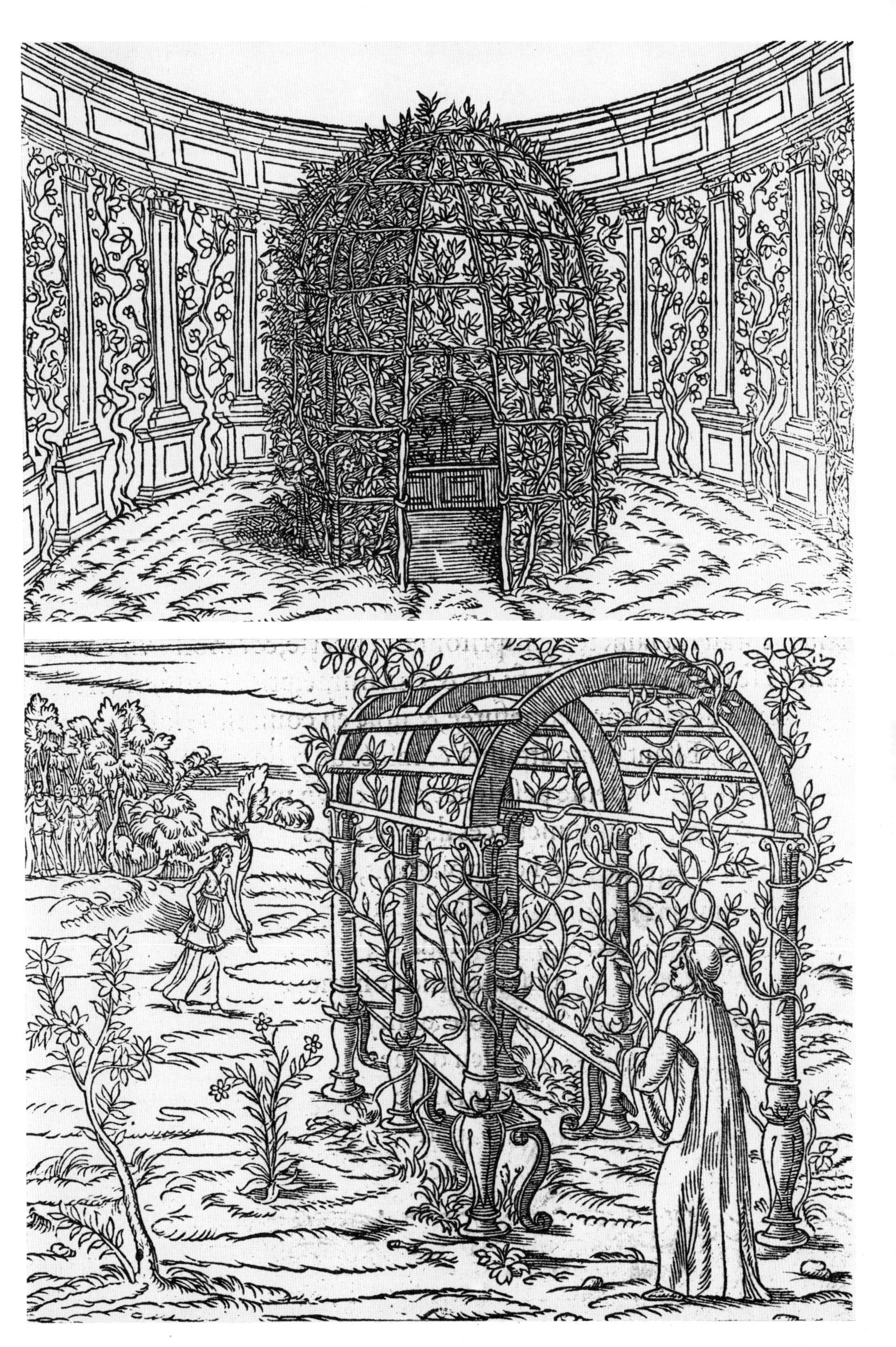

Linke Seite: Oben das Schloß von Gaillon, aus der Sammlung von Jacques Androuet du Cerceau *(Des plus excellents bâtiments . . .).*
Unten: Die Villa Borghese, Sammlung des Abbé de Marolles.
Rechte Seite: Die Gärten des sogenannten Pavillon Folambray.
Unten: Montargis. (Du Cerceau).

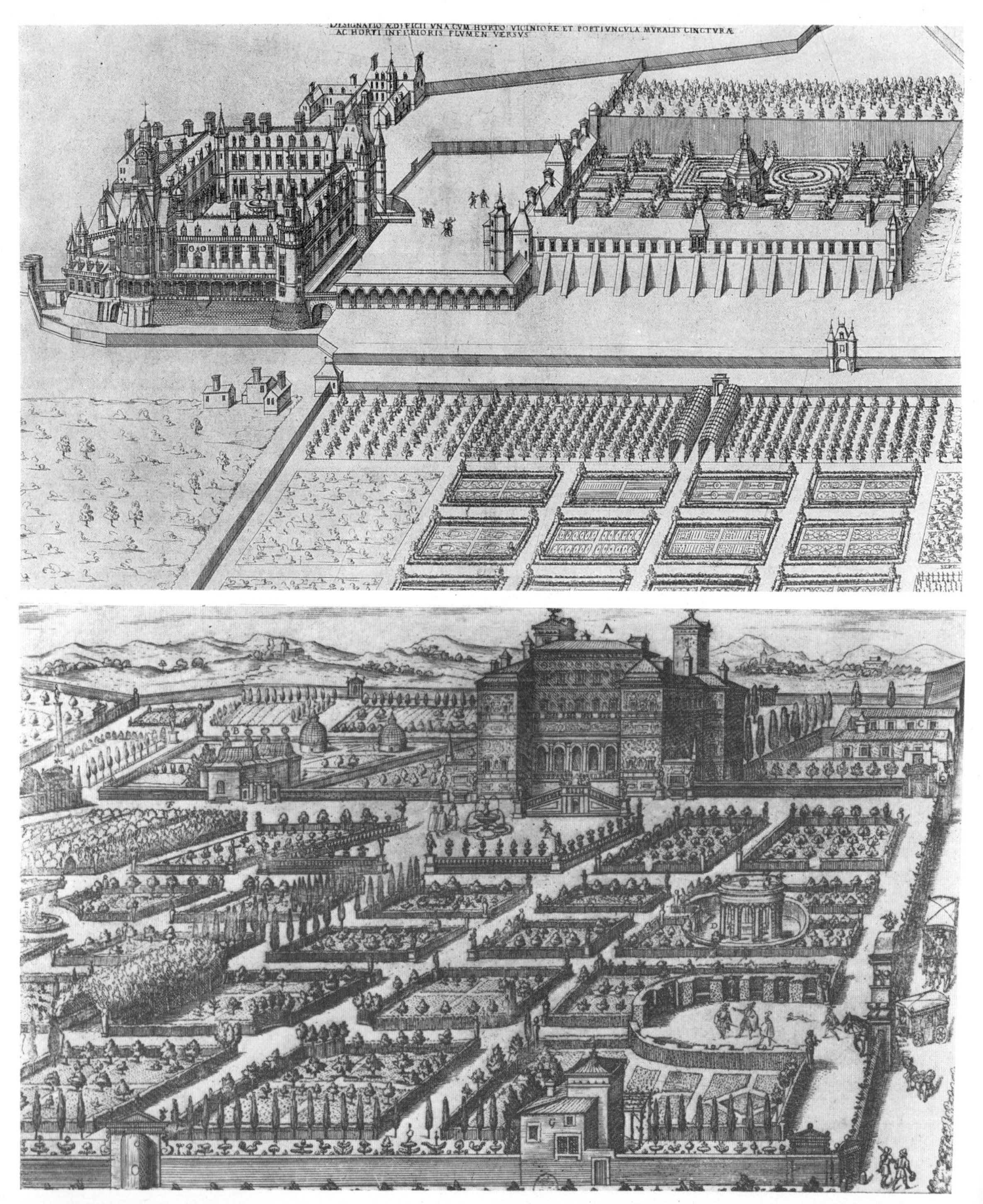

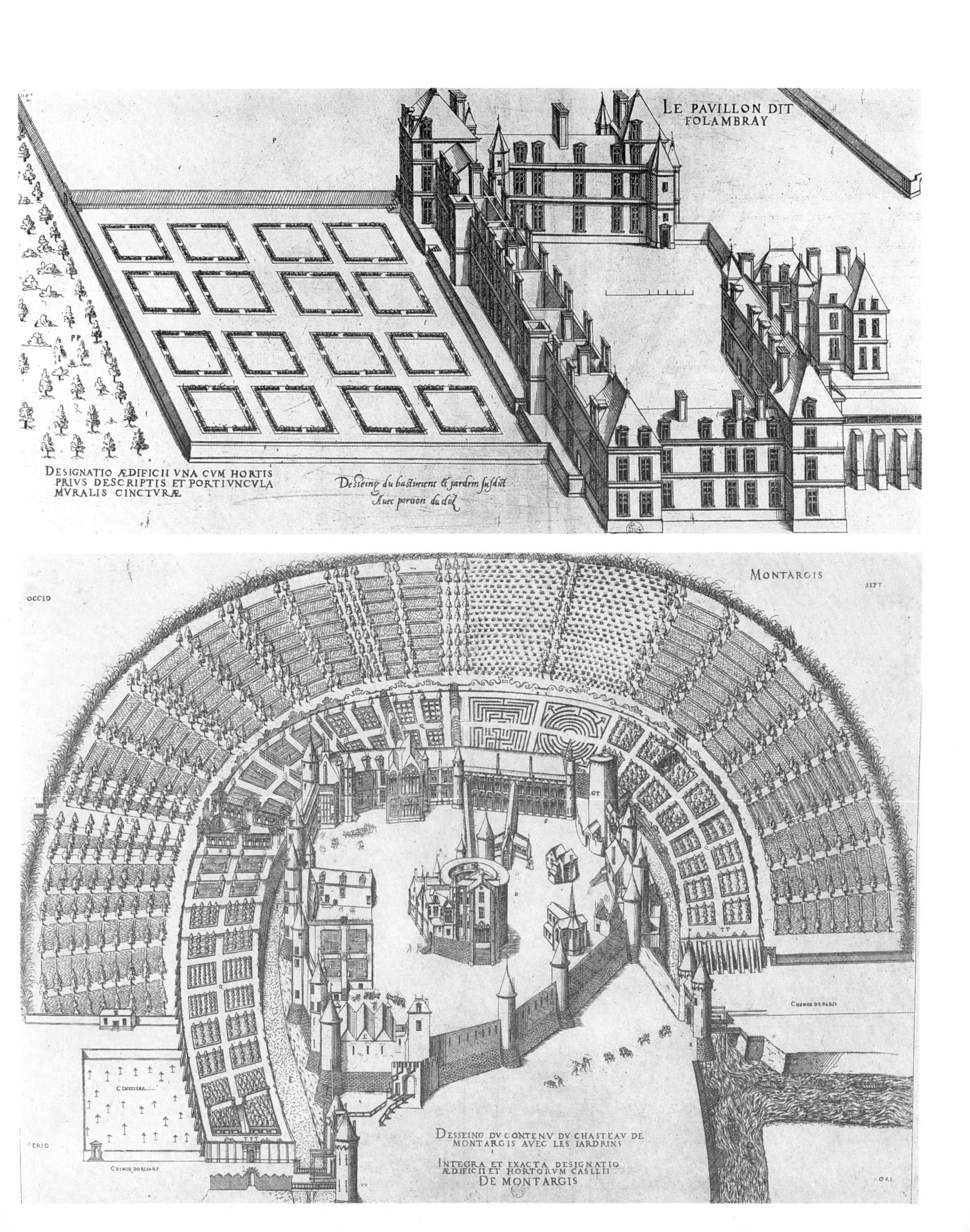

LE PAVILLON DIT
FOLAMBRAY
DESIGNATIO ÆDIFICII VNA CVM HORTIS
PRIVS DESCRIPTIS ET PORTIVNCVLA
MVRALIS CINCTVRÆ
Desseing du bastiment & jardin susdict
Auec portion du clos
MONTARGIS
OCCID
SEPT
ORI
CHEMIN DE PARIS
DESSEING DV CONTENV DV CHASTEAV DE
MONTARGIS AVEC LES IARDRINS
INTEGRA ET EXACTA DESIGNATIO
ÆDIFICII ET HORTORVM CASLLII
DE MONTARGIS

Diese doppelte Polarität der Gärten – auf der einen Seite die strenge, geometrische Gliederung des Raumes, auf der anderen Seite das dichte Wiederaufleben einer Mythologie, die gleichzeitig geheimnisvoll und klar ist – wird man später in den französischen Gärten wiederfinden, und Versailles kann als deren Apotheose angesehen werden: der „französische Geschmack" kristallisiert hier das Erbe des europäischen Humanismus heraus. Die sogenannten Ziergärten sind mit einer erzieherischen Mission betraut – es sind richtige kulturelle Programme –, und sie haben einen Status erworben, der sie für immer von Nutzgärten trennt. Manifestation der Macht, die ihn einrichtet, Abbild der Gesellschaft, die ihn träumt, wendet sich der „jardin des cognoyseance" (Garten des Wissens) an die größten Talente der Zeit. Indem sie ihr Wissen aus Beschreibungen schöpften, die Alberti in *De Re Aedificatoria* in vielfältiger Weise darlegte oder die sich halb verhüllt in der *Hypnerotomachia Poliphili* zeigten, lernen die Gärtner, Parterres aus Buchsbaum oder duftenden Pflanzen zu entwerfen, sie schneiden die Bäume und Büsche in geometrische oder symbolische Formen, sie gestalten Labyrinthe, Rosengärten und mit Blumen geschmückte Wiesen – all das vom Rhythmus und der Harmonie des „Goldenen Schnitts" inspiriert und mit einem Wissen um die Wirkung gemacht, das immer vollkommener wird. Jeder Garten wird eine bestimmte Anzahl der Elemente enthalten müssen, die man in den römischen Gärten vorfand, von denen einige dank der Beschreibungen von Plinius, Cicero, Theophrast, aber auch dank der Interpretation der Mythen nach Homer und Ovid inzwischen restauriert worden sind. Es ist die Wiederkehr der muschelverzierten Grotten, deren Springbrunnen an die Quelle des Lebens, Quelle der Freuden, Quelle der Inspiration erinnern und die ein Widerhall der Meeresgrotte sind, in der Venus geboren wurde.

Es ist das Verdienst von Laurent Le Magnifique, die wichtigsten Elemente des Renaissance-Gartens neu zusammengestellt zu haben. Sie finden sich in dem Plan des Gartens von Poggio in Caiano, der ein Labyrinth, Laubengänge, Springbrunnen sowie das erste Museum für die drei Reiche der Natur enthält: einen botanischen Obstgarten, einen Steingarten – eine Steinsammlung, die an die Entstehung der Erde erinnert (eine Allegorie dafür ist das *Bassin de l'Encelade,* der Enkelados-Brunnen in Versailles) – und schließlich einen Tierpark. Um seine Bedeutung richtig zu verstehen, müßte der Garten anhand der Lektüre des Gedichtes „Ambra" besichtigt werden, das der Meister persönlich schrieb, wie später auch Louis XIV. den idealen Weg durch Versailles schriftlich festgehalten hat.

Auf den kleinen Landgütern im Frankreich, aber auch im England des 16. Jahrhunderts bleibt die Verbindung von Nutzgarten und Ziergarten bestehen, während die schönsten Schlösser sich mit ausgedehnten Parterres nach neuesten Entwürfen schmücken. Es erscheinen zahlreiche Abhandlungen über die Landwirtschaft, die meistens ein Kapitel enthalten, das dem Ziergarten gewidmet ist: Champiers *Jardin français* (1538), Estiennes *Praedium Rusticum* (1554), aus der lateinischen Sprache übersetzt von Liébault, die *Secrets de la belle Agriculture* von Belleforest (1571), die *Jardinage* von Mizault (1578), die *Plaisirs des Champs* von Gauchet (1583), das *Théâtre d'Agriculture* von Serres, die *Recette Véritable* von Palissy... Bezaubert von den Gärten von Poggio Reale bei Neapel kehrt Charles VIII. mit einer Gruppe italienischer Künstler nach Frankreich zurück, unter ihnen Mercogliano, dem wir die Um- oder Neugestaltung der Gärten von Amboise, Blois und Gaillon verdanken. Die Gartenanlagen von Beauregard, Ecouen, Chantilly, Fontainebleau, die noch von ihren Einfriedungen umgeben sind, haben noch keine enge Beziehung zur Architektur der Schlösser, während in Villers-Cotterêts Alleen mit hochstämmigen Bäumen erstmals in Frankreich in Erscheinung treten.

Die französischen Künstler, die bei den Italienern, die sich in Frankreich aufhielten, lernten, führten die Tradition der Bildungsreisen nach Italien ein. Sie kamen zurück mit viel theoretischem Wissen und der Erinnerung an das, was sie an Ort und Stelle gesehen hatten. Philibert de l'Orme, der sich von 1533 bis 1536 in Rom aufhält, studiert dort die antiken Pläne, widmet sich der strengen Logik der Geometrie, der Komposition, der Axialität, dem Rhythmus und der Proportion. Dieser Sinn für Proportion, den die französischen Gärten bis dahin vermissen ließen, charakterisiert seinen Plan für die Gärten von Anet, den er nach seiner Rückkehr nach Frankreich ausführt. Die sachkundig kalkulierte Harmonie in der Anlage der Parterres zeigt erstmalig den späteren Geist des klassischen Gartens. Die Lage des Schlosses in der Nähe von Wasser veranlaßt de l'Orme, entlang der Alleen inmitten der Parterres Kanäle zu graben, erstes Anzeichen für die Verwendung von Wasser als Gartenelement, das sich in den Rhythmus der Grünflächen einfügt. Aber die Entwicklung geht noch zögernd vonstatten: Während Serlio, der seine Abhandlung über die Architektur in Frankreich publizieren wird, oder auch Philibert de l'Orme ihre Gärten bereits nach einer strengen Harmonie komponieren, umgibt Jacques I$^{er}$ Androuet das Schloß in Montargis mit einem kreisförmigen Garten, der noch mittelalterliche Züge aufweist. Philibert de l'Orme entwirft ausgedehnte Gärten für Saint-Germain und die Tuilerien, kann diese Pläne aber nicht ausführen. Die veröffentlichten Pläne zeigen die Bedeutung der Gliederung, die von den regelmäßigen Parterres ausgeht und sich auf die Achse des Schlosses bezieht. Alle diese Gärten sind am Endpunkt der Achse begrenzt und können sich in den Wald hinein in großen Alleen fortsetzen, wie zum Beispiel in Verneuil, in Montceaux oder in Charleval. Die mit Rasen bedeckten Parterres sind mit Arabesken ausgestattet, die ursprünglich von Leonardo da Vinci stammen sollen, der sie seinerseits von mohammedanischen Buchbindern übernommen haben soll. Über den großen Parterres, die klug unterteilt sind, inmitten der immergrünen und gestutzten Bäume, finden sich Statuen und Grotten. Le Primatice wird

Zwei Ansichten des Schlosses von Villandry und seiner Labyrinthe. Der Renaissance-Garten ist nach Plänen von Du Cerceau restauriert worden.

beauftragt, die Grotte von Fontainebleau zu gestalten, mit Verzierungen und den Überraschungen, wie sie im *Traum des Poliphil* beschrieben sind und die an die Grotte des Gartens von Mantua erinnern. Später wird er für einen ähnlichen Garten nach Meudon berufen, dessen Bäuerlichkeit von Ronsard gerühmt wurde. Die Mode der Grotten breitet sich in Frankreich aus: Es entstehen die Grotte in la Bastie d'Urfé, dann diejenige in Ecouen (im Jahr 1565). Die Grotten lagen oft unter den Terrassen und öffneten sich über Arkaden zu den Gärten. Da das Bodenprofil von Frankreich weniger abwechslungsreich ist als das von Italien, sind die Terrassierungen meist nur flach; sie erlauben aber trotzdem eine ausgezeichnete Sicht über die Anlage der Parterres. Zur gleichen Zeit beginnt man, das vorhandene Wasser auf bestmögliche Art zu nutzen: der Teich von Fontainebleau wird in ein großes Bassin umgewandelt, es entstehen der Kanal in der Mittelachse von Villery, die Kanäle quer zur Achse in Verneuil, die schrägen Kanäle in Charleval.

So kann die Situation der Gartenkunst zu Beginn des 17. Jahrhunderts mit derjenigen der Sprache verglichen werden. Es hat ganz einfach eine „défense et illustration"[1] stattgefunden, sie hat ihre Ursachen, ihren Reiz, aber noch ist nichts festgelegt. Eine strengere und umfassendere Kodifizierung, die den Ausgangspunkt für einen definitiven Stil ermöglicht, steht noch aus. Es wird die Aufgabe Le Nôtres sein, die Grundzüge dieses neuen Stils auf der Grundlage der Arbeiten seiner unmittelbaren Vorgänger (darunter seines eigenen Vaters), Stück für Stück festzulegen.

[1] Das Manifest *Deffence et illustration de la langue françoise* (1549) von Joachim du Bellay verteidigt die französische Sprache gegen die griechische und lateinische und wendet sich gegen den Prestigeanspruch der neolateinischen Dichtung. Der zweite Teil des Werks ist im wesentlichen eine normative Poetik. (Anm. d. Ü.)

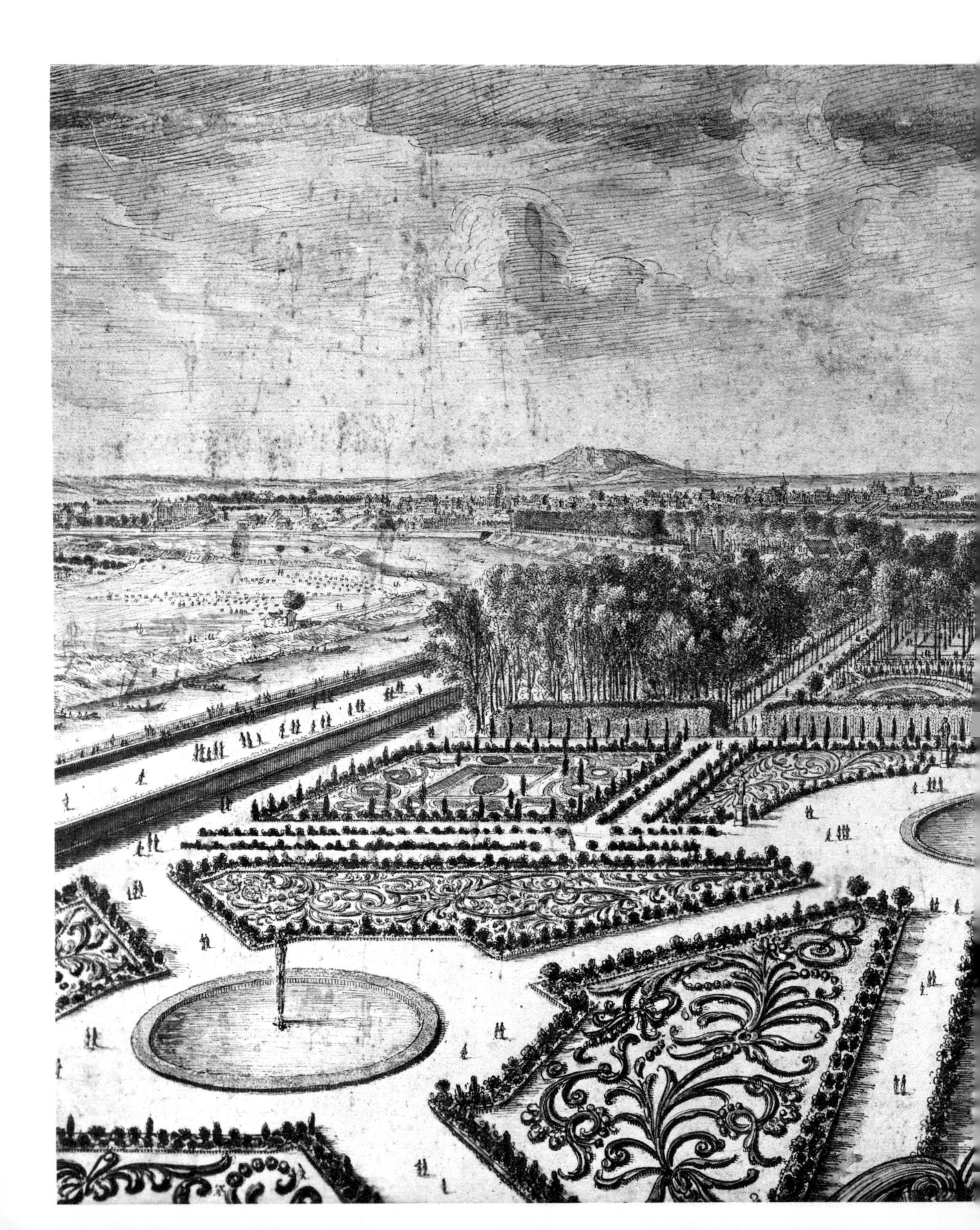

Der Garten der Tuilerien, Zeichnung Israël Sylvestres (Louvre, Cabinet des dessins). Hier ist der ursprüngliche Zustand der heutigen Champs-Elysées zu sehen.

# André Le Nôtres Ausbildung

Oben: Ansicht des Palastes der Tuilerien, vom Garten aus gesehen, Stich von Aveline.
Unten: Die Tuilerien im 16. Jahrhundert, nach Androuet du Cerceau.

Pierre Le Nostre – so wurde der Name bis zu Beginn unseres Jahrhunderts geschrieben – wird im allgemeinen als Andrés Großvater angesehen. In einer Urkunde aus dem Jahre 1572 wird er als Gärtner, Früchtehändler und Bürger von Paris vorgestellt, verantwortlich für „sechs Parterres in den Tuilerien". Jehan Le Nostre, sehr wahrscheinlich Pierres Sohn, schließt im Jahre 1610 einen Vertrag ab, in dem zu lesen ist: „Jehan Le Nostre, Erster Gärtner der Tuilerien, wohnhaft im großen Garten der Tuilerien." Andrés Vater, Jean Le Nôtre, hatte bei den Arbeiten mitgewirkt, die unter Katharina von Medici von André Mollet begonnen worden waren, an dem Ort, an dem Pierre Mollet junior für Henry IV. arbeitete.

Indessen stammt die Familie Le Nôtre ursprünglich aus der Provinz, wahrscheinlich aus der Gegend von Bray, und hat Verbindungen nach Rouen. Jean Le Nôtre heiratet Marie Jacquemin, die aus einer gutbürgerlichen Pariser Familie stammt. André wird am 12. Mai 1613 geboren. Er ist der ältere Bruder von Françoise, geboren 1615, Elisabeth, geboren 1616, und Etienne, der im Jahre 1627 geboren wurde und im Kindesalter starb. Die beiden Schwestern werden Gärtner heiraten: Françoise heiratet Simon Bouchard, den Gärtner der Orangerie der Tuilerien und Sohn von Yves Bouchard, dessen Position er später einnehmen wird. Nach dem Tod Simon Bouchards übernimmt Françoise Le Nôtre selbst mit der Hilfe ihrer Töchter die Betreuung der Gärten. Sie wird im Jahre 1638 und 1662 ein weiteres Mal in diesem Amt bestätigt. Die Töchter Françoise und Anne Bouchard werden ihrer Mutter im Jahre 1672 im Amt nachfolgen. Elisabeth, Andrés zweite Schwester, heiratet Pierre Desgots, den Gärtner der Tuilerien. Er ist der Vater von Claude Desgots, der später mit André Le Nôtre zusammenarbeiten wird.

Die engen Beziehungen unter den Gärtnern, dieses zugleich familiäre, berufliche und soziale Netz rund um die Gärten der Tuilerien, weisen auf die Bedeutung hin, welche diese Gärten für die königliche Familie hatten, wenn auch alles noch einen sehr handwerklichen und dörflichen Charakter aufweist. Die Karten und Ansichten der Tuilerien sowie auch die Aussagen darüber zeigen uns ein wahres Durcheinander, das damals an diesem Ort herrschte. Nach einer alten und sinnvollen Tradition wohnten die Gärtner tatsächlich in den Gärten, für die sie verantwortlich waren, oder in deren unmittelbarer Nähe. So war es auch mit der Familie Le Nôtre.

Andrés Geburtshaus kennen wir nicht, aber wir wissen, daß es sich neben dem Pavillon de Marsan und folglich in der Nähe des königlichen Hofstaates befand, der sich im äußersten nördlichen Teil des Gartens der Tuilerien aufhielt. Die Umgebung dieses Quartiers von Paris, nicht weit von den Schutzwällen der Hauptstadt entfernt, war noch ländlich. Die Aussicht über die Festungswerke hinweg auf die Wälder, die den sanften Abhang des Hügels von Chaillot bedeckten, war sehr schön. André Le Nôtre liebte diese Aussicht unter dem klaren Himmel und dem heiteren Licht der Ile-de-France, deren schöpferischer Interpret er später sein

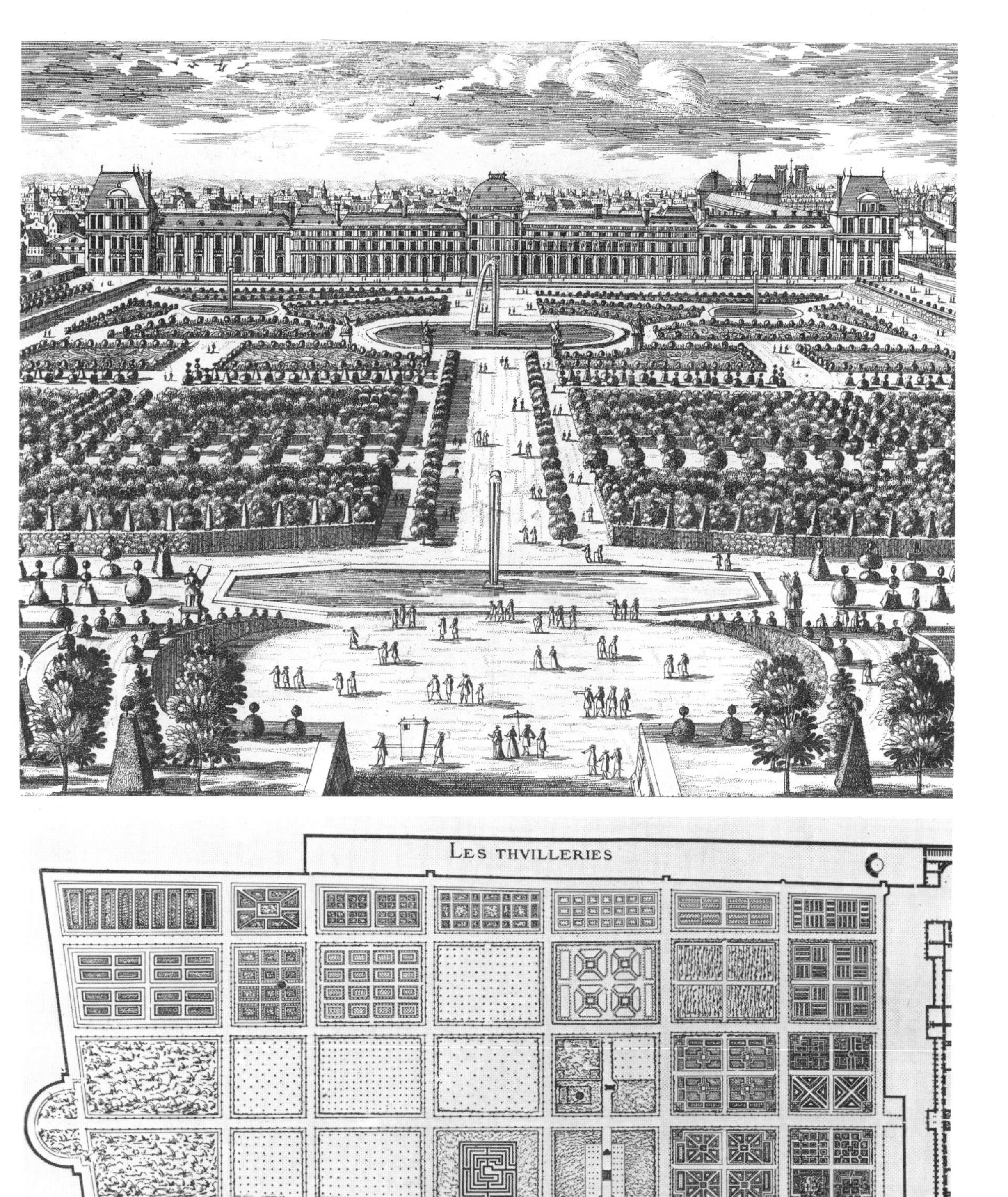

LES THVILLERIES
LE PLAN GENERAL TANT DV BASTIMENT COMME IL DOIT ESTRE PARACHEVE
QVE DV IARDRIN COMME IL EST DE PRESENT
PLANVM TAM ÆDIFICII QVAM

Oben: Das Quartier des Louvre im Jahre 1615 nach einem zeitgenössischen Stich.
Unten: Simon Vouet, Céres ou l'Eté (Ceres oder der Sommer), Ausschnitt (das ganze Gemälde ist in der Vignette abgebildet).

würde. In seinen jungen Jahren konnte er die allmählichen Veränderungen des Gartens miterleben, in dem sein Vater und die besten Gärtner Frankreichs arbeiteten. In jeder Arbeitssaison verwandelten und verschönerten diese Männer die Perspektiven und den Plan des Gartens, sie führten eine neue, streng geordnete Geometrie ein, sie schufen Stimmungen, deren Neuheit das Vorstellungsvermögen des jungen Knaben tief beeindrucken mußte. Träumte er schon davon, einen Ort zu wählen und ihn umzugestalten, um ihn in einem neuen Licht erstrahlen zu lassen, indem er genau proportionierte und geordnete, weite und großzügige Kompositionen anlegen würde, die die Landschaften zivilisieren und sie im Vergleich zur wildwachsenden Natur übernatürlich erscheinen lassen würden?

Wenn man auch nichts Gewisses über Le Nôtres frühe Ausbildung weiß, so kann man sich doch vorstellen, wie er in Begleitung seines Vaters und der Gärtner durch die Parterres der Tuilerien schlendert, wie er sich amüsiert oder bei den verschiedenen Arbeiten im Garten hilft und wie er sich dabei die materiellen Grundlagen dessen aneignet, was später seine Begabung sein wird. Auch wissen wir nicht, weshalb er sich angespornt fühlte, später die königlichen Ateliers des Louvre zu besuchen. Persönlicher Antrieb oder Wunsch der Eltern oder aber einfach natürliche Folge seiner großen Geschicklichkeit im Zeichnen? Immerhin hat Le Nôtre sechs Jahre im Louvre bei Simon Vouet verbracht. Durch die Begegnung mit Vouet hat Louis XIII. mit Pastellmalerei angefangen, bei ihm haben Le Sueur und Le Brun ihr Handwerk als Maler gelernt. In jener Zeit konnte nur Poussin, der sich damals in Italien aufhielt, den Ruhm dieses großen Pädagogen, der Vouet unter anderem auch war, übertreffen. Vouet, der zahlreiche religiöse Aufträge hatte, arbeitete auch für die fürstlichen Paläste und Privathäuser an ziemlich ernsthaften Themen. Seine Malweise war weniger streng bei den Entwürfen, die er für die königlichen Teppichmanufakturen fertigte. Simon Vouet hatte selbstverständlich eine Italienreise[1] gemacht und war sogar bis nach Konstantinopel gekommen. Bei den Zeichnungen der Kartons für die königlichen Teppichwebereien ließ er sich von den Perspektiven der byzantinischen oder italienischen Parks inspirieren. In den Vordergrund setzte er meist Details pflanzlicher Motive, die seine Schüler reinzeichnen mußten, indem sie sich, wenn nötig, von den Zeichnungen anregen ließen, die er am Ort oder aus dem Gedächtnis anfertigte. Diese Zeichnungen beeindruckten Le Nôtre so stark, daß er eine Art Desillusionierung empfand, als er sich selbst nach Italien begab. In Simon Vouets Atelier schloß Le Nôtre Freundschaft mit Le Brun, eine Freundschaft, die gefestigt wurde durch ihrer beider Neigung zum Schöpferischen und ihre intellektuelle Neugier, besonders auch für die Mythen der Antike, von denen sich Le Brun immer wieder inspirieren ließ. Le Nôtre wurde durch den Bildhauer Lerambert, den Sohn des Verwalters der antiken Kunstschätze des Königs, eingeführt. Der junge André zog sich oft in die Sammlung der antiken Kunstwerke zurück und

[1] Das ist zu wenig gesagt: Tatsächlich lebte er von 1614 bis 1627 in Rom, nachdem er sich in Konstantinopel und in Venedig aufgehalten hatte. Dort gründete er, ein Günstling der Barberinis, eine Schule, heiratete und hatte ein beachtliches Vermögen.

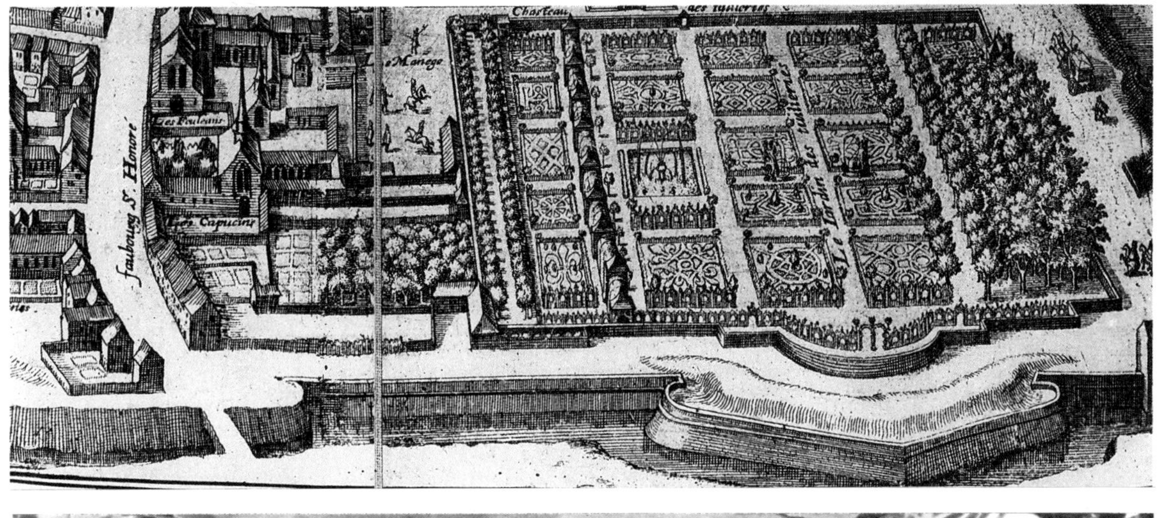
Chasteau
des Tuileries
Le Manege
Les Feuillans
Les Capucins
Fauboug S. Honoré
Le Jardin des Tuilleries

entzog sich so den Gesprächen über Gartenarbeit, die er immer wieder hören mußte, wenn sein Vater sich mit seinen Freunden unterhielt.

Ein weiterer Aspekt von Le Nôtres Ausbildung, neben den Künstlerfreundschaften und dem dauernden Kontakt mit der Welt der Gärtner, muß noch hervorgehoben werden: er machte sich vertraut mit den theoretischen Problemen der Perspektive, wie sie die Gemeinschaft der Gelehrten gerne diskutierte, und zwar über die Entdeckungen der italienischen Renaissance hinaus. Zu seiner Zeit konnte man die *Leçons des perspectives positives* von Jacques du Cerceau studieren. In dieser Abhandlung erläutert der Autor, daß es die Regeln der Perspektive ermöglichten, Gebäude und Landschaften von allen Seiten betrachtet darzustellen, um beurteilen zu können, ob die Werke nach den Regeln einer als absolut gesetzten Wissenschaft konzipiert worden seien: „Die Perspektive ist nichts anderes als ein Spiegel, der es erlaubt, daß wir die Dinge so, wie sie dem Auge erscheinen, mit Einsicht und Verstand darzustellen lernen." Im Unterschied zur theoretischen (oder optischen) Perspektive behandelt die „positive" Perspektive im wesentlichen die praktischen Folgen der Formveränderung. Es geht um das Problem der Verkürzung. Es war in anderen Abhandlungen bereits erwähnt worden, doch Olivier de Serres' Lehrbuch zeigt den hohen Wissensstand auf, den die Meister der Landwirtschaft und der französischen Gartenkunst seit dem Ende des 16. Jahrhunderts besaßen. In seinem *Théâtre d'agriculture ou mesnage des champs* empfiehlt Olivier de Serres, bei der Einteilung der Beete die Tatsache zu berücksichtigen, daß diese von ferne betrachtet werden, was bedeutet, daß die Reihen weiter auseinander angelegt werden müssen, wenn sie weiter weg sind. Das Buch erschien im Jahre 1600, nachdem Olivier de Serres nach Paris gekommen war, um vom König die Erlaubnis zur Publikation zu erhalten. Über diesen Aufenthalt in den königlichen Gärten von Paris weiß der Autor zu berichten, daß es „wünschenswert ist, die Gärten von oben zu betrachten, sei es von den Gebäuden, sei es von erhöhten Terrassen aus, die rings um die Parterres angelegt sind, so wie es der König in den Tuilerien in Form seiner schönen Maulbeerbaumallee und in Saint-Germain hat ausführen lassen".

Die Ingenieure, wie Salomon de Caus, die Denker, wie Descartes, oder die Ordensbrüder, wie Pater Nicéron oder Pater Mersenne aus dem Kloster der Paulaner in Paris, verbindet das Interesse an der Perspektive und ihren Folgen. Aufmerksam studierte Le Nôtre Pater Nicérons dreiundvierzig Bücher über *La perspective curieuse ou magie artificielle,* in denen unter anderem hingewiesen wird auf die „optischen Spiele, mit deren Hilfe die Grotten in den Gärten verschönert wurden". Der Autor beschrieb zahlreiche optische Kunstgriffe, vor allem das Verschwinden von Personen in den Kulissen, wenn sie sich zwischen dem gemalten Motiv und dem sich fortbewegenden Spaziergänger befanden. Le Nôtre verstand es, diesen Kunstgriff beim Kanal von Vaux zu verwenden, und er wandte die verkürzende Perspektive in der Anordnung der Parterres in Vaux, in der Proportionierung der Bassins der Tuilerien und in Versailles an: ganz und gar so, wie es bereits Le Muet beim Kanal von Tanlay gemacht hatte, der die Bäume am Kanal entlang nicht regelmäßig, sondern in immer größeren Abständen gepflanzt hatte, um die Grotte, die sich am Ende des Kanals in 800 Metern Entfernung befand, durch eine Sinnestäuschung näher erscheinen zu lassen. Viele solcher wissenschaftlichen Kenntnisse, eng verbunden mit der Gartenkunst, finden sich ebenfalls im *Théâtre des plans et des jardinages contenant des secrets et des inventions inconnus à tous ceux qui jusqu'à présent se sont melés d'écrire sur cette matière* von Claude Mollet, dem Ersten Gärtner des Königs, der mit Pierre Le Nôtre zusammenarbeitete und viel zu Andrés Ausbildung beitrug. Das überreiche Werk behandelt das vielfältige Wissen, das zur Gartenkunst gehört. Fünfzig Kapitel behandeln unter anderem die Landwirtschaft, den Gartenbau, das Terrassieren und die Architektur der Gärten: Hecken, Laubengänge, Boskette, Kabinette und die Mittel, dies alles zu pflegen, sowie das Anpflanzen und das Versetzen von Bäumen. Der zweite Teil des Werkes handelt vom Lustgarten und lehrt zuerst, wie man diesen mit großen und kleinen Blumen verschönert, um die Beete zu schmücken. Dann zeigt der Autor, wie die Verzierungen im Kleinen zu entwerfen sind und wie sie im Großen auf dem Gelände Gestalt annehmen. Ein Kapitel ist den Labyrinthen, den Säulengängen und den Ornamenten gewidmet. Den Schluß des Werkes bilden meteorologische und sogar astrologische Betrachtungen. Über zwei Arten der Wissensvermittlung, die mündliche Tradition seiner Familie und die Schriften der Familie Mollet und andere Abhandlungen findet André Le Nôtre Zugang zu den neuen Grundsätzen der französischen Gartenkunst. Er wird sie nur noch anwenden müssen, aber er wird sie verändern, er wird sie in einen ganz anderen Maßstab überführen und zu einer Feinsinnigkeit bringen, die man zuvor nicht kannte. Gleichwohl wird Le Nôtre, das bleibt anzumerken, kein besonders frühreifer Künstler sein: erst im Alter von über vierzig Jahren wird er seine Meisterwerke verwirklichen.

Aber alles nimmt seinen Anfang mit der Nachfolge im Amt seines Vaters. Der alternde Jean Le Nôtre ersucht den König Louis XIII., im Amt als Gärtner in den Tuilerien verbleiben zu dürfen, und dabei denkt er daran, seinem Sohn eine Sicherheit zu bieten. Im Jahre 1635, mit zweiundzwanzig Jahren, wird André Le Nôtre „Erster Gärtner Monsieurs, des Bruders des Königs". Am 26. Januar 1637 erhält er eine Urkunde, die ihn zum Mitarbeiter seines Vaters bis zu dessen Tod ernennt[1].

Seine familiäre Umgebung, seine Erziehung und die Beziehungen um ihn bildeten für Le Nôtre ein Netz, das für die Entfaltung seines Talents äußerst günstig war. Es fehlte nur noch eine Gelegenheit, um es glanzvoll zu offenbaren. Vaux-le-Vicomte, Fouquets Besitz, wird diese Gelegenheit und der eigentliche Beginn seiner Karriere sein, auch wenn seine Laufbahn schon früher in den Tuilerien, in der Landschaft seiner Familie sozusagen, begonnen hatte.

[1] Mit siebenundzwanzig Jahren heiratete André Le Nôtre im Januar 1640 Françoise Langlois, die Tochter des ordinierten Beraters der französischen Artillerie. Jean Rousse, Doktor der Theologie, Pfarrer der Pfarrgemeinde Saint-Roch, der die Familie Le Nôtre angehörte; Claude Desgots, Witwer der Elisabeth Le Nôtre, und Michel Le Bouteux gehörten zu den Verwandten und Freunden, die vor dem Notar erschienen waren und ein Bündnis schlossen, das man auf dem Grenzbereich zwischen Bürgertum und Adel einordnen könnte.

# Vaux-le-Vicomte

Oben und unten: Vaux-le-Vicomte, Detailansichten der Gärten. Die Ausschnitte zeigen, wie die Unebenheiten des Bodens und die Spiegeleffekte der Wasserflächen genutzt werden, und lassen den vollkommenen Sinn für die Komposition erkennen.

Nach seiner Heirat scheint Le Nôtre ein ruhiges Leben geführt zu haben, das der Pflege der Tuileriengärten gewidmet ist. Er bepflanzt die Parterres und beweist damit, daß er qualifiziert und erfahren ist. Im Jahre 1643 wird er beauftragt, sämtliche Gärten des Königs Louis XIII., der im selben Jahr stirbt, instand zu halten. Mit der Regentschaft werden die Tuilerien, die den Louvre abgelöst haben, zum eigentlichen Zentrum des kulturellen Geschehens. Die Gärten und ihre Nebengebäude, auch wenn sie den Rahmen wichtiger politischer Ereignisse darstellen, bleiben vorerst der Schauplatz des alltäglichen Lebens der Aristokratie und des Hofes. Die Parterres der Tuilerien, die den Le Nôtres besonders anvertraut sind, sind der Ausgangspunkt für die Aufteilung der Grundstücke und für die Entwicklung der Stadt in westlicher Richtung. Gewisse Grundstücke gehörten der königlichen Familie, und seit Maria von Medici im Jahre 1614 die Uferstraßen des rechten Seineufers unterhalb der Orangerie der Tuilerien zu einer Promenade hatte herrichten lassen (dem Cours de la Reine), hoben sich die Parterres der Tuileriengärten von einer Landschaft ab, die zwar bereits gestaltet war, der aber jeglicher künstlerische Eingriff fehlte. Die Spaziergänger verließen die Gärten gern, um in den Feldern umherzustreifen, sich an den Flußufern niederzulassen oder im Schatten der umliegenden Wälder zu wandeln. Mit dem Feingefühl von Goldschmieden machen sich Le Nôtre und seine Gärtner daran, die Pflanzen zu bearbeiten und die Beete mit Arabesken zu verzieren, die Bäume gerade auszurichten und ihr Geäst in geometrische Formen zu schneiden, die den skulpturalen Formen der Buchsbäume und Hecken entsprechen. Diese feine Arbeit, in der Le Nôtre sich auszeichnete, bestätigte seine Fachkenntnis, aber weder die Gärten des Königs noch die seines Bruders, Gaston d'Orléans, boten ihm wirkliche Gelegenheit zu einer vollkommenen Schöpfung, in der er sein theoretisches Wissen hätte nutzen und zeigen können, wozu er fähig war. Überdies ist es schwierig abzuschätzen, welchen Teil Le Nôtre persönlich zur Gestaltung der Tuilerien beitrug, wenigstens zu diesem Zeitpunkt, als seine Karriere – wenn sie auch die eines der vorzüglichsten Gärtner des Königs ist – noch nicht auf dem Höhepunkt stand, zu dem ihn die kommenden großen Leistungen noch führen werden. Der Park von Vaux, wohin er im Jahre 1661 berufen wird, stellt folglich einen qualitativen Sprung in seinem eher ruhigen Leben dar und ist eine Art „Übergang zum Handeln", der aus dem gelehrten Gärtner im eigentliche Sinne den Garten-Architekten macht: Man gibt ihm eine Landschaft, die er nicht mehr herrichten und verbessern muß, sondern die er erfinden darf – daraus folgt ein neues Verhältnis zum Beruf, das zwar das handwerkliche Können des Gärtners und ein vollkommenes Wissen im Detail weiter erfordert, das ihm aber jenes „progetazzione" der Italiener beschert, jenes aufregende theoretische Entwurfsmoment, ohne das es, im strengen Sinn, keine Architektur gibt, und auch keine Gartenkunst.

Le Nôtre und Le Brun hatten sich in Simon Vouets Atelier kennengelernt und seitdem freundschaftliche Beziehungen gepflegt. Sie konnten also

Oben und unten: Plan von Vaux-le-Vicomte, Stich Israël Sylvestres.

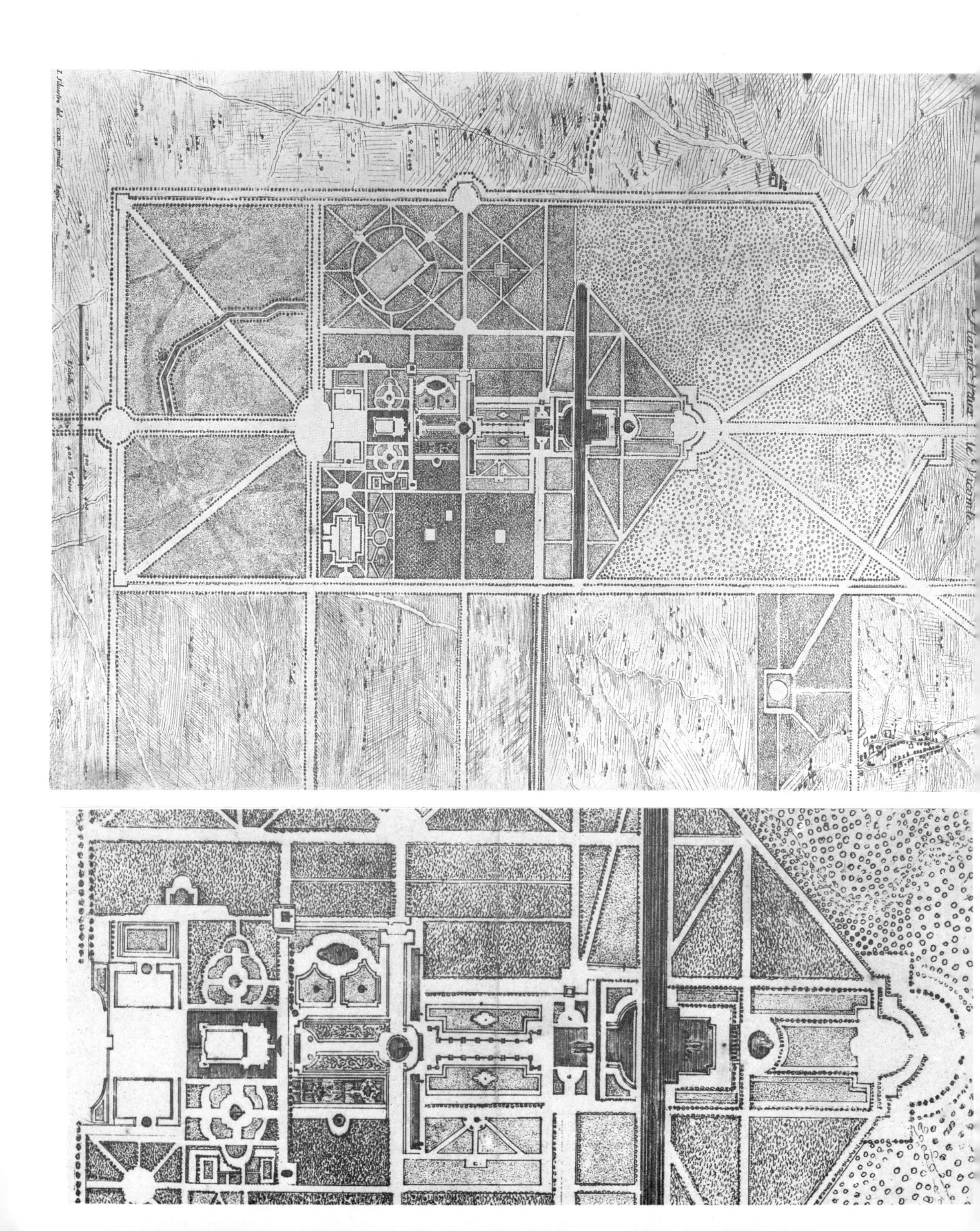

Vaux-le-Vicomte, Luftbild.

Vaux-le-Vicomte.
Oben: Das Schloß, vom anderen Kanalufer aus gesehen, in der Achse der Parterres.
Unten: der „Confessional".

Folgende Doppelseite: Die Gärten von Conflans (Gemälde von J. B. Martin, um 1700). Heute ist davon sozusagen nichts mehr erhalten.

zusammen mit dem Architekten Le Vau eine dauerhafte, kompetente, sich gegenseitig ergänzende Arbeitsgemeinschaft bilden, die auch eine gemeinsame Ausbildung verband.

Der Entwurf und die Inszenierung der Perspektiven von Vaux sprechen gleichzeitig für die Arbeitsgemeinschaft und den Gärtner. Die Anordnung der Gärten in der Steigung des Tales war eine Wette, die Le Nôtre zu gewinnen verstand. Die Fassade des Schlosses liegt nach einem sanften Abhang, der eine Abstufung der Terrassen des Gartens ermöglicht; sie folgten aufeinander bis zum großen Kanal, der im Flußbett angelegt und sowohl durch die Parterres als auch durch das Schloß verdeckt war. Durch eine rasenbedeckte und locker bepflanzte Allee öffnete sich der Ausblick über den unsichtbaren Kanal hinaus auf den Wald. Die ausgeschmückten Parterres und die abgestuften Wasserflächen berührten dank einer geschickt errechneten Sinnestäuschung scheinbar die Säulengänge der Grotten, die von breiten Treppen und sanften Böschungen umgeben waren. Diese Perspektive, die sich zum Horizont hin aufsteigend öffnet, ist das erste auf so effektvolle Weise verwirklichte Beispiel in Frankreich. Die ganze Anordnung des Gartens war sorgfältig durchdacht: die Lage des Schlosses, der Neigungsgrad, die Tiefe des Kanals, die jenseitige Steigung. Die Arbeiten wurden im Jahre 1656 begonnen, bevor sich Le Brun an seinen Freund Le Nôtre gewandt hatte. Die gewählte Anordnung weist darauf hin, daß die Größe des Projekts ästhetisch richtig beurteilt worden war, zuerst intuitiv erfaßt und mit dem Auge gemessen, dann mit Hilfe mathematischer Gesetze berechnet.

Um die Sicht nicht zu begrenzen, erhält der Garten eine Perspektive, die ins Unendliche führt, wie bei einer gemalten Szene, bei der die Bildkomposition die Einführung ungenutzter Räume erfordert. Beim Entwurf von Vaux war eine Gesamtkomposition notwendig. Der Gesamtplan für das Landgut von Vaux wird André Le Nôtre zugeschrieben, er ist mit keinem Datum versehen, aber er zeigt, daß das Können des Gärtners sich bereits auf dem Niveau dieses bedeutenden Ortes befindet, den es zu gestalten hat.

Die Parterres folgen der klassischen Anordnung der französischen Garten-Komposition und sind so berechnet, daß sie die Verzerrung der Perspektive kompensieren. Die Mittelachse wird durch eine Allee gebildet, die am Ende jeder Terrasse unterbrochen wird, wobei ihre Breite im Verhältnis zur Länge der Terrassen zunimmt. Vom Schloß aus betrachtet erzeugen die vier Hauptparterres des Gartens für das Auge eine ausgewogene Komposition. Durch Lage und Ausdehnung der Bassins, die in der Achse des Gartens liegen, werden die Auswirkungen der Perspektive wieder kompensiert. Die Breite der Bassins ist so berechnet, daß der Betrachter, der sich im Zentrum der Schloßfassade befindet, diese in der Fluchtlinie der Achse sieht. Indem jedes Bassin für die Wahrnehmung gleichwertig erscheint, ist die Wirkung der Perspektive auf diese Weise aufgehoben. Der Garten vermittelt nicht den Eindruck, übermäßig groß zu sein. Er ist jedoch in Wirklichkeit ein sehr weitläufiger Raum für Spazier-

Drei Ansichten der Gärten von Vaux in ihrem heutigen Zustand. Sie wurden Ende des letzten Jahrhunderts von Henri und Achille Duchêne restauriert und entsprechen wohl noch weitestgehend dem ursprünglichen Plan. Die Statue ganz im Hintergrund der Fotografie auf der rechten Seite ist eine Kopie des *Hercule Farnèse*, die erst später dort plaziert wurde. Am Fuß der abschüssigen Rasenanlage, die auf den Wald hinführt, sieht man deutlich die Grotten: vom Schloß aus gesehen schließen sie den Kanalteil ab, der in dessen Achse liegt.

Allegrain, Ansicht von Saint-Cloud, Ausschnitt (Musée de Versailles). Dieses Gemälde läßt gut erkennen, wie das unebene Bodenprofil bei der Gestaltung genutzt wurde, vor allem bei der großen Kaskade (rechts im Bild), die man „italienisch" nennen könnte, hätte sie Bernini nicht so sehr mißfallen.

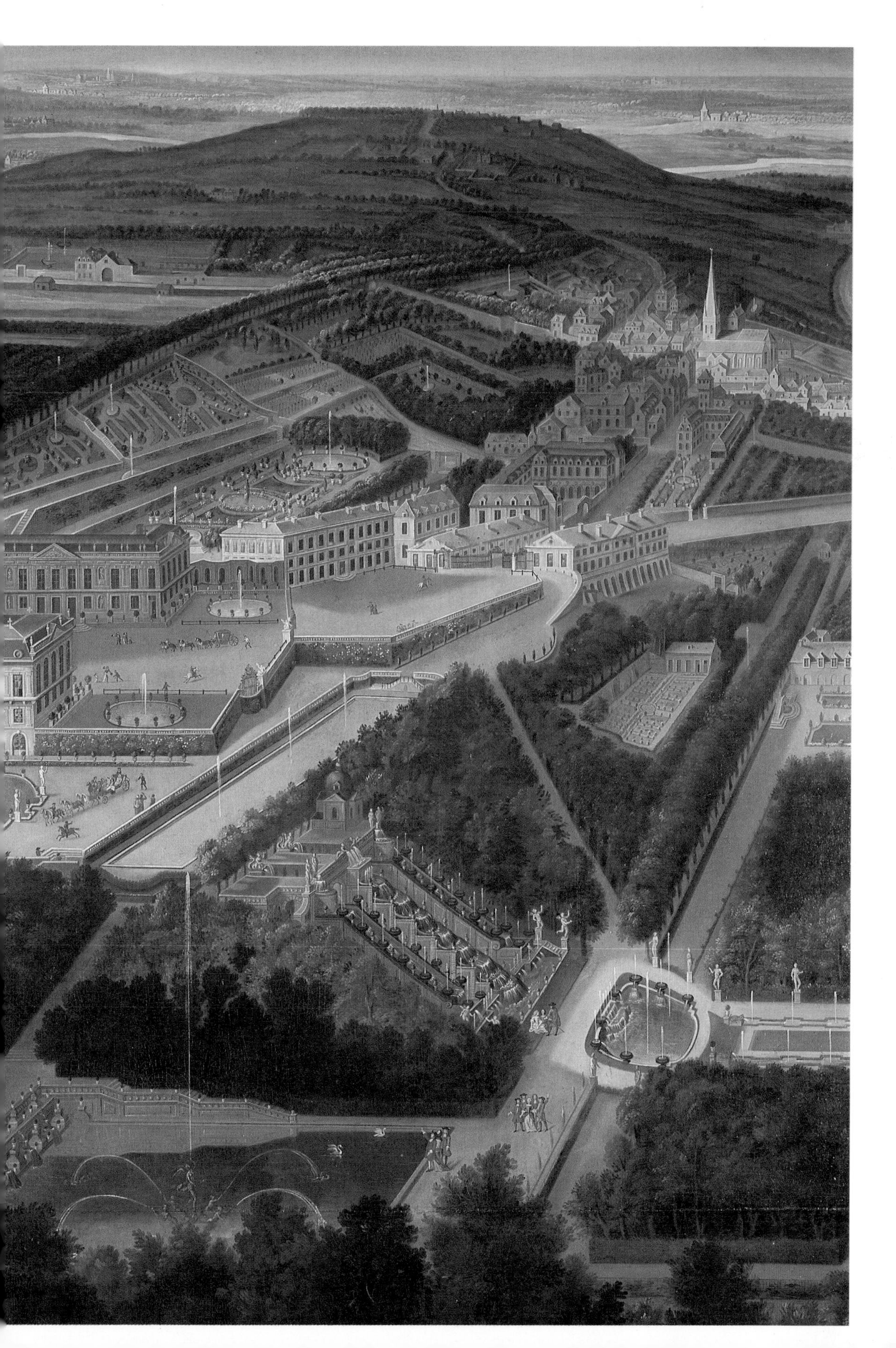

Oben: Vaux, strenge Abgrenzung und Verbindung zwischen „Wäldern" und Parterres; die Vertikale wird von den Taxusbäumen wiederaufgenommen.

Unten links: Die Parterres mit ihren (restaurierten) Schmuckelementen vom Schloß aus gesehen. Rechts: Eine der in die Grotte eingefügten Skulpturen.

gänge. Die Länge der beiden Kanäle, welche senkrecht zur Hauptachse geführt sind, ist ebenfalls nach dem gleichen Grundsatz berechnet.

Die Wirkung dieser „eigenartigen Perspektive" wird durch Spiegeleffekte verstärkt. Das kleine Tal, in dem der Anqueil, das kanalisierte Flüßchen fließt, ist gerade so tief gelegen, daß wir die Kaskaden, die den Kanal auf der Seite des Schlosses säumen, sowie die Grotten ihnen gegenüber erst im letzten Moment wahrnehmen. Am äußersten Ende der Parterres legte Le Nôtre ein großes viereckiges Bassin an, dessen Höhe nach Descartes' Gesetzen der Optik berechnet ist, um eine faszinierende Sinnestäuschung hervorzurufen: Wenn jemand vom Schloß her kommt, hat er den Eindruck, die Grotten ruhten auf dem Brunnenrand dieses Bassins und speisten es mit ihrem Wasser. Und am Ufer des Kanals angekommen, schaut der Spaziergänger zurück, um das Schloß zu bewundern – neues Erstaunen: die Fassade wird als Ganzes gespiegelt, sie ist sowohl in der Länge als auch in der Höhe auf dem Wasserspiegel des viereckigen Bassins eingezeichnet.

Die Inszenierung des Gartens von Vaux, wo jeder Besucher erwarten durfte, auf Überraschungseffekte zu stoßen und anschließend eine Erklärung der optischen Mittel zu finden, die diese auslösten, ließ Vaux und seine Schöpfer zu Recht berühmt werden.

Obwohl der Park von Vaux in der Art und mit Mitteln von schon bestehenden Gärten angeordnet ist, übertrifft er diese durch seine strenge Anwendung der Perspektive und durch die klassische Anordnung der Schmuckmotive. Der Garten entstand in einer ländlichen Gegend, in der sich ein Weiler befand. Das Gelände wurde zuerst eingeebnet, die Flüsse unterirdisch kanalisiert, die Felder der unmittelbaren Umgebung bepflanzt, um einen Wald entstehen zu lassen. Breite und gerade Alleen kreuzen sich im Wald und bilden große runde Plätze, die für Helligkeit sorgen. Diagonale Alleen bringen Abwechslung in die Strenge des Plans, und dank ihnen kann man sich im Unterholz, das für die Spaziergänger gepflegt wird, leichter fortbewegen. In der Nähe des Schlosses sind die Boskette rautenförmig zugeschnitten wegen der Alleen, die auf eine rechteckige Lichtung führen, die von einem kreisförmigen Weg umgeben ist. Diese Anordnung der Boskette wird man in Versailles wiederfinden, sie teilt den Garten in zwei Einheiten: auf der einen Seite die Parterres, Felder, Bassins und Kanäle, eine als Ganzes entworfene Fläche, erstaunlich schlicht und konsequent; auf der anderen Seite und rund herum eine Zone aus Wald und schattigem Laubwerk, die ihrerseits auf Lichtungen hinführt, wo dekorative Elemente oder Bassins installiert werden können.

Die Parterres, die Bassins und Alleen, von den vertikalen Reliefs der Boskette eingerahmt, verzieren die offene, unbewaldete Gartenfläche und schmücken sie mit Blumen. Und damit man die Broderien, das gepflegteste Element des Gartens, besser würdigen kann, führen seitlich höherliegende Alleen den flachen Hang sanft hinab, an den sogenannten *Turqueries* entlang. Das Schloß schwimmt inmitten seiner Wassergräben; der

Oben: Einer der beiden Löwen am unteren Ende der Treppen, die die Grotte einfassen und zur abschüssigen Rasenanlage hinaufführen.
Unten: Perspektivische Ansicht der Kaskaden von Vaux, Stich Israël Sylvestres.

Folgende Doppelseite oben links: Der Stich Avelines stellt die große Kaskade und das Schloß dar.
Rechts: Aktuelle Fotografie derselben Ansicht.
Unten: Das Buffet d'Eau.

Ehrenhof wird nicht von den Flügeln der Residenz eingerahmt, sondern ist zum Garten hin offen und nur von einer Balustrade eingefaßt, wie es die zeitgenössischen Stiche darstellen. In der Mitte von kreisrunden Bassins, deren Grund aus hellem Stein die kristalline Transparenz betont, steigt der Wasserstrahl von zwei Fontänen himmelwärts. Schöne Spiele mit Wasser gab es bereits in den Gärten von Rueil (des Kardinal de Richelieu) und in den Gärten von Liancourt (des Gaston d'Orléans). Die Springbrunnen als gebündelte oder als einzelne Wasserstrahlen, aufspritzend oder als Gitter, sind Charakteristika des klassischen französischen Gartens und unterscheiden diesen vom Garten des 16. Jahrhunderts, dem italienischen Garten. Aber in Vaux findet man erstmals einen wirklichen Wasserschmuck, der in die Anlage integriert ist und dessen ornamentaler Charakter zurücktritt zugunsten der organisatorischen Funktion. Im Garten gibt es eine schöne Komposition von Kaskaden, die sich am Rande der Parterres befinden und sich in den Kanal ergießen und so die Illusion vermitteln – wenn man am anderen Ufer steht –, das Schloß ruhe auf diesen Fontänen. Das Ensemble der Wasserspiele von Vaux besteht aus Wasserspiegeln, aus Kaskaden und vor allem aus Springbrunnen[1].

Die Fontänen sind für eine festliche Inszenierung konzipiert und können nicht dauernd in Funktion sein. Der Garten, Theaterbühne, wo die Gesellschaft sich selbst in Szene setzt, wird um Räume erweitert, die nur für Theateraufführungen bestimmt sind, Attrappen für die Inszenierung von Ballettaufführungen, kosmische Spiegel für Komödien... Molières Lustspiel *Les Fâcheux* thematisiert den Gebrauch der Vernunft, der das menschliche Verhalten dirigiert; so wie es die klassische Theorie für die Kunst forderte. Das Stück wurde vor dem Wassergitter, das sich am östlichen Ende der Nebenachse des Gartens befand, aufgeführt, auf der Höhe des Wasserkreises, der die beiden Parterres voneinander trennt. Die Fontänen des Wassergitters gingen vom Rand der drei abgestuften, hintereinanderliegenden Bassins aus, um so die Wirkung der Springbrunnen durch die Betonung der Tiefe, der Höhe und des Raums zu steigern. Molière hatte das Lustspiel für das Fest verfaßt, das der Finanzminister[2] zu Ehren von Louis XIV. gab, und der Text verlangte vom König, daß er „den Wassern sich zu regen und den Bäumen zu sprechen" befahl.

Der Plan von Vaux erscheint einfach und durchsichtig durch seine klare Geometrie, und erst wenn man die Alleen des Gartens abschreitet, kann man die Einfälle und das Irreale allmählich entdecken. Der junge König hatte damals drei Hauptinteressen: seine Macht zu befestigen, den Hof zu unterhalten und zu disziplinieren, seine Liebesabenteuer zu organisieren. Die Arbeitsgemeinschaft von Vaux, die bereits seinen Befehlen unterstand und für Fouquets Feste eigentlich nur ausgeliehen wurde, sollte nun in Versailles ein Meisterwerk vollbringen, dessen Dimensionen das, was in Vaux gewagt worden war, übertreffen und dessen Großartigkeit die königlichen Ziele, seien sie nun politischer oder galanter Art, realisieren, sichtbar machen sollte.

[1] „Besonders anmutig ist die Allee, die nach unten weiterführt, mit zwei gefälligen mit Rasen bepflanzten Bächen mit Springbrunnen in gewissen Abständen; diese Springbrunnen folgen so dicht aufeinander, daß es scheint, als beherrsche eine Kristallbalustrade die beiden Seiten dieser Allee... Während man sich auf dieser Allee befindet und der Geist erfüllt ist von dem, was man gesehen hat, was man sieht und was zu sehen man im Begriffe ist (was man sehr wohl weiß), hat man sogar das Vergnügen, das sanfte Murmeln all dieser kleinen Springbrunnen zu hören; deren gleichmäßige, liebliche Harmonie vermag es, uns angenehm träumen zu lassen." So erinnert sich M[lle] de Scudéry in ihrer *Clélie* (1650–1669) an die Wassereffekte von Vaux, die damals für Frankreich noch sehr neu waren.

[2] Die lebendigste Schilderung dieses berühmten Festes ist in den Werken La Fontaines in Form einer „Lettre à M. de Maucroix" zu finden (in: La Fontaine, *Œuvres divers,* La Pléiade pp 522–527); darin wechseln sich Prosaabschnitte mit eleganten Gelegenheitsversen ab: „Man sah, wie Felsen sich öffneten, wie Thermen sich in Bewegung setzten." Über die politischen Folgen dieser Sommernacht – über Fouquets Verhaftung ein paar Tage später – muß man jedoch in Voltaires *Le Siècle de Louis XIV* oder aber in Alexandre Dumas' Romanversion *Le Vicomte de Bragelonne* nachlesen.

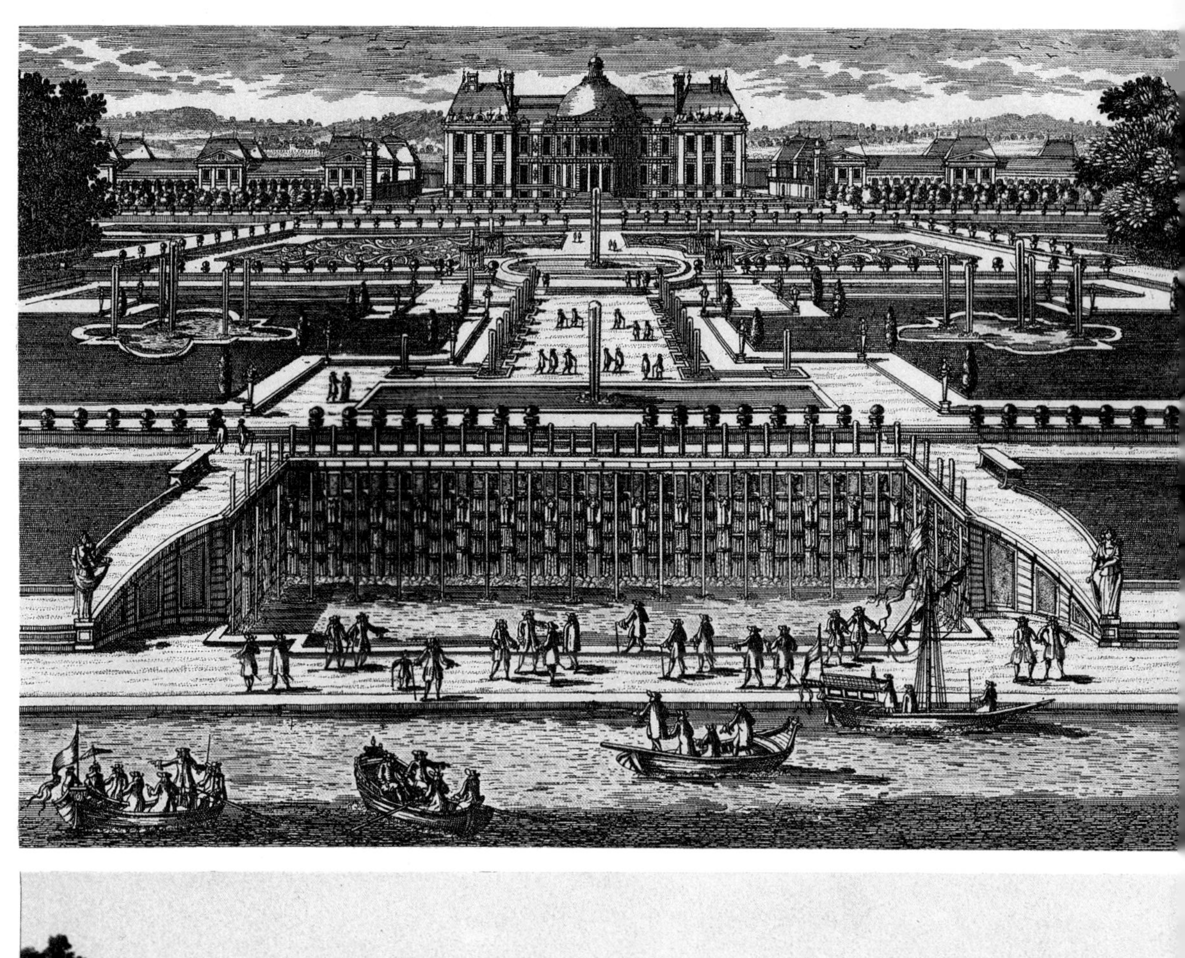

# Versailles

Oben: Ansicht des Schlosses von Versailles und seiner Gärten, Zeichnung Israël Sylvestres, datiert ca. 1687, d. h. zu einem Zeitpunkt, da die Arbeiten schon sehr fortgeschritten waren. Unten: Ein Ausschnitt der großen Achse in ihrem heutigen Zustand, in derselben West-Ost-Richtung wie die Zeichnung Sylvestres: das Bassin d'Appollon, der Tapis-vert, sanft ansteigend bis zum Bassin de Latone, und das Schloß.

„Ihre Majestät weiß, daß in Ermangelung glanzvoller kriegerischer Aktionen nichts die Größe und den Geist eines Fürsten mehr zur Geltung bringt als die Bauwerke", schreibt Colbert an Louis XIV. am 28. September 1665; in einem Brief jedoch, in dem er es wagt, ihm zu empfehlen, er solle sich in acht nehmen vor Versailles – vor einem Versailles, das zu diesem Zeitpunkt noch kaum es selbst geworden ist –, denn was der Minister befürchtete, waren nicht nur maßlose Ausgaben, sondern auch eine Art symbolische Schwächung, die Verbindung des Bildes der Macht, der er diente, mit einem Universum der Vergnügungen, die er verurteilte: „... O welch ein Jammer, daß der größte König an der Elle Versailles gemessen werden soll! Und gleichwohl gibt es Anlaß, dieses Unglück zu befürchten." Man könnte nicht direkter und deutlicher sein. Das „Unglück", das Colbert befürchtet, dies muß gesagt werden, ist ganz und gar eingetreten: im allgemeinen wird sich das Ansehen von Louis XIV.schon zu seinen Lebzeiten „an der Elle Versailles" messen lassen müssen und an keiner anderen. Das ist zwar ein allzu einfaches Bild, aber es kennzeichnet die Realität der absoluten Monarchie: diese war weit davon entfernt, sich im Rahmen der erhabenen Strenge zu halten, von der Colbert (als würdiger Nachfolger von Louis XI.) träumte; die Monarchie stärkte die Macht des Königs und bewirkte gleichzeitig, daß er von der bloßen Machtausübung in die narzißtischen Freuden der Repräsentation hinüberglitt, und Versailles – Park und Schloß – waren der Ort, das Zentrum dieser Repräsentation.

Als solche soll man sie zunächst verstehen – als eine politische und zugleich symbolische Geste, die der Laune die Dimension eines Plans verleiht, der die Landschaft als ganze dem Willen der Macht, die sie verkörpern soll, unterwirft. Gewiß ist eine solche Geste nichts Ungewöhnliches, die Fürsten haben sich ihrer von jeher bedient – aber Versailles deutet in der Geschichte auf einen qualitativen Sprung hin, den man heute sogar als einen Höhepunkt interpretieren kann. Und mehr noch als die Architekten, zuerst Le Vau, später Mansart, ist Le Nôtre wirklich der Mann dieses Ortes – der Mann von Versailles, und dies sowohl wegen des Umfangs seines Werks – ein Gesamtplan, der sich auf Anhieb durchsetzte – als auch wegen der Dauer (fast ein Dritteljahrhundert), die seine Verwirklichung beansprucht hat, und schließlich wegen des Maßes an Arbeit und Phantasie, das dieser Park (einschließlich der kleinsten gärtnerischen Details) sichtbar macht. Was wir heute sehen, was wir besichtigen können, ist mehr als nur ein Überrest; denn die Kraft der Komposition vermittelt sich dem Besucher auch heute noch, sobald er sich dazu hinreißen läßt, den immensen Park zu entdecken. Doch zahlreiche Anlagen, zum Beispiel das Labyrinth, sind zerstört, und das, was das *Leben* von Versailles ausmachte, ist selbstverständlich verschwunden. Die Funktion dieses Parks – als jederzeit verfügbare Festanlage dem vergnügungsüchtigen Hof und dem König alles zu bieten, was Prunk und Verschwendung (wie George Bataille sie versteht) erlaubten –, diese Funktion verschwand zusammen mit der

Oben: Ausschnitt des Bassin du Dragon, im Hintergrund eine der Bleifiguren (18. Jahrhundert) des Bassin de Neptune.
Unten: Stich von Aveline; jenseits des Bassin du Dragon steigt die Allée des Marmousets in Richtung der Pyramide d'Eau und der Parterres an.

Welt, der sie diente. Wenn auch die Französische Revolution dieser Welt den entscheidenden Schlag versetzte, so hatte die Vernachlässigung des Parks doch schon im 18. Jahrhundert eingesetzt, aus Gründen des Geschmacks ebenso wie aus Gründen der Ökonomie: die Unterhaltskosten eines so großen Apparates überstiegen die finanziellen Möglichkeiten des Königs, und die Vorstellung vom Bewahren architektonischer Werke der Vergangenheit gab es noch nicht. Was uns darüber hinaus bleibt, ist eine „Melancholie", die Proust in *Les plaisirs et les jours* heraufbeschwört:

„Ich will hier nicht, ... den großen Namen Versailles aussprechen, mit seinem Altersrost und seiner Süße, den Namen der fürstlichen Gruft des Laubwerks, der weiten Gewässer und der Marmorsteine – den wahrhaft aristokratischen und demoralisierenden Ort, wo uns nicht einmal die beunruhigende Anklage entgegenklingt, das Leben von so vielen arbeitenden Menschen habe nicht so sehr dazu gedient, die Freuden der alten Zeit zu steigern und zu vertiefen, als vielmehr dazu, die Melancholie unserer Zeit noch melancholischer zu machen." (Übersetzung von Ernst Weiß, Frankfurt 1977.)

Aber wir müssen auf die Anfänge dieses Ortes zurückkommen, auf den Zeitpunkt, als er noch nichts oder beinahe noch nichts war. Die Feste von Vaux hatten stattgefunden; und obwohl Fouquet einige Tage später verhaftet worden war, blieb das Bild der Macht, die er zu erreichen vermocht hatte, lebendig. Für den König bedeutet das, er mußte einen Ort finden und erfinden, der Vaux an Größe und an Reichtum übertreffen könnte. Und dies sollte Versailles sein. Man weiß nicht wirklich, weshalb Versailles, und zahlreich sind die Reaktionen in den zeitgenössischen Dokumenten, die große Vorbehalte gegenüber dieser Wahl ausdrücken – Vorbehalte, welche sich später in der Meinung Saint-Simons (in Zeilen, die berühmt geworden sind[1]) in schiere Feindseligkeit verwandeln sollten. Aber über diese wahre Anklageschrift Saint-Simons hinaus (der nicht nur die Anlage, sondern auch die Ausführung verdammt[2]) bleibt die Tatsache bestehen, daß der Ort für die Verwirklichung eines so außergewöhnlichen Planes a priori wenig geeignet war. Soll man darin einen bewußt gesetzten Willen sehen oder den obskuren Wunsch, aus dem Nichts zu beginnen? Auf jeden Fall zeigt sich in der Wahl dieses schwierigen Geländes etwas wie Herausforderung – als ob das, was Saint-Simon „das prunkvolle Vergnügen, die Natur zu bezwingen" nennt, wegen dieser Unannehmlichkeit noch größer geworden wäre.

Nichts ist vielleicht zuviel gesagt: Was war Versailles zu dem Zeitpunkt, als Louis XIV. und die Arbeitsgemeinschaft von Vaux sich darauf stürzten? Ein einfaches Schloß aus Mauerwerk und Stein mit einem Schieferdach, das der Architekt Philippe Le Roy für Louis XIII. entworfen und dessen Gärten Jacques de Nemours, ein Neffe Boyceaus, gestaltet hatte. Die Gärten bestanden aus nur ungefähr zehn Beeten im italienischen Stil mit klei-

[1] „Er verließ Saint-Germain, den einzigartigen Ort, der alles vereinigt: die wundervolle Aussicht, die ausgedehnte Ebene mit einem Wald, der seiner Lage und Schönheit wegen einzigartig ist, die Vorzüge und die leichte Zugänglichkeit des Wassers, die Lieblichkeit der Steigungen und der Terrassen und die Anmut der Seine; er verließ es zugunsten Versailles', des unangenehmsten Ortes überhaupt, ohne Wald, ohne Wasser, ohne Erde. Fast alles dort ist Treibsand und Sumpf, und folglich kann die Luft nicht gut sein."

[2] „Die Gärten, deren Prunk erstaunlich, aber deren noch so ungezwungene Benutzung abstoßend ist, zeugen auch von schlechtem Geschmack; erst wenn man eine ausgedehnte, brennendheiße Zone durchquert hat, gelangt man in die Kühle des Schattens; an dessen Ende hat man keine andere Möglichkeit mehr, als hinauf- oder hinunterzugehen, und beim Hügel sind die Gärten zu Ende. Die Füße schmerzen vom Steinschutt, aber ohne diesen Schutt würde man hier im Sand und im schwärzesten Schlamm versinken, und die Gewalt, die der Natur überall angetan worden ist, stößt unwillkürlich ab und erfüllt mit Widerwillen."

Veüe et perspectiue des Cascades et du Baſsin du Dragon a Versailles
fait par Aueline auec Priuilege du Roy

Generalplan von Versailles vor Le Nôtres und Louis XIV' Eingriffen.

nen Springbrunnen. Die gigantischen und exakten Arbeiten Le Nôtres werden dieses Jagdschloß im Laufe von dreißig Jahren und nach vielen unvorhergesehen Ereignissen zu einem urbanen Komplex von beeindrukkendem Ausmaß umgestalten. Ein urbaner Komplex, denn Versailles ist nicht nur ein Schloß, es ist nicht nur ein Park, sondern ein vielschichtiges System, in dem mindestens drei Elemente ineinandergefügt sind: Die Stadt, das Schloß und der Park sind durch den Plan untrennbar miteinander verbunden, das Rückgrat bildet die Ost-West-Achse des großen Kanals, die gleichzeitig die Achse des triumphalen Weges zum Schloß ist; um diesen herum sind die im eigentlichen Sinne urbanen Elemente verteilt: das Schloß, das wie eine Art Puffer zwischen zwei Zonen funktioniert, in deren Richtung es seine Arme öffnet, mit Strenge in Richtung Sonnenaufgang und Stadt, mit sonnenhafter Herzlichkeit hingegen in Richtung Sonnenuntergang: zu den Gärten. Betont werden soll hier noch, welche Harmonie – jenseits aller Zuständigkeiten – zwischen der Architektur und ihrer Umgebung, zwischen Architekten und Gärtnern, geherrscht haben muß. Die berühmten „hundert Treppenstufen", die die neue Orangerie (von Mansart entworfen und im Jahre 1686 vollendet) einfassen, werden beispielsweise im allgemeinen Le Nôtre zugeschrieben. Sie sind jedenfalls das Ergebnis einer Abstimmung und symbolisieren dieses Gleichgewicht zwischen den Kompetenzen, wo jeder dazu beiträgt, einen Ort ohne Brüche herzustellen, in dem jedes Teil auf das andere überleitet. Aber der Schlüssel für diese Harmonie bleibt der Plan, dessen wichtigste Elemente in einem Zug festgelegt wurden. Schon 1663 wird das Apollo-Bassin gegraben, eine im wörtlichen Sinn treibende Kraft für die mythische Energie und für die geometrische Ordnung; und im Jahre 1667 entsteht der Große Kanal, der Versailles' Ausrichtung nach der Sonne und seine Öffnung ins Unendliche durch die geradlinige Wasseranlage endgültig bestimmt. Das Wesentliche der Struktur und ein großer Teil der Anlagen sind schätzungsweise gegen 1680 festgelegt. Der vom König bevorzugte und beschriebene Weg *(Manière de montrer les jardins de Versailles)*[1] datiert von ungefähr 1690 und muß als Ausgangspunkt für alle Gartenbeschreibungen gelten, auch wenn später noch viele Änderungen und Neuerungen hinzukamen. Aber bevor wir mit dieser Beschreibung beginnen, müssen wir uns – über die stumme Starrheit der Gärten in ihrem heutigen Zustand hinweg – einen Ort in permanenter Entwicklung, ein kollektives „work in progress" und deshalb eine Baustelle von ungewöhnlichem Ausmaß vorstellen[2]. Dem Grundbau, wie man heute sagt – besonders die Anlage der Terrassen, die bedeutende und kostspielige Erdtransporte erforderte –, folgten alle möglichen Arbeiten, die zur Verschönerung der Gärten oder zu ihrem bloßen Unterhalt notwendig waren. Außer der anonymen Masse der Gärtner, Maurer und Handwerker, die Le Nôtre, dem unumstrittenen Meister des Ganzen, zur Seite stehen, verdankt Versailles seine Existenz auch der Arbeit von Ingenieuren und Künstlern,

[1] Diese *Manière*, vom König mehrere Male geschrieben, offenbart den so eigenartigen Charakter seiner Leidenschaft für die Gärten von Versailles. Sein befehlender, völlig schnörkelloser Tonfall („man geht auf die Terrasse; auf der obersten Treppenstufe muß man stehenbleiben… anschließend muß man direkt zum Latone hochgehen und eine Pause machen…" usw.) lädt weniger zu einem Spaziergang ein, er legt vielmehr ein vorgegebenes Programm fest, das sich seiner Effekte sicher ist. Louis XIV ging es sicherlich in erster Linie darum, dem Vergnügen des Sich-Erinnerns und der Nomenklatur nachzugeben. In unserer weiter unten folgenden Beschreibung, welche den Park in mehrere charakteristische Zonen unterteilt, wurde nicht auf diese Wegbeschreibung zurückgegriffen.

[2] Dangeau schätzt in seinem *Journal* (1685), daß 36 000 Menschen in Versailles arbeiten (zitiert nach *Ganay, Les jardins de France et leur décor*, Paris 1949).

Plan general du Chateau et Petit Parc de Versailles comme il estoit
anciennement avant que Le Roy y eut travaillé

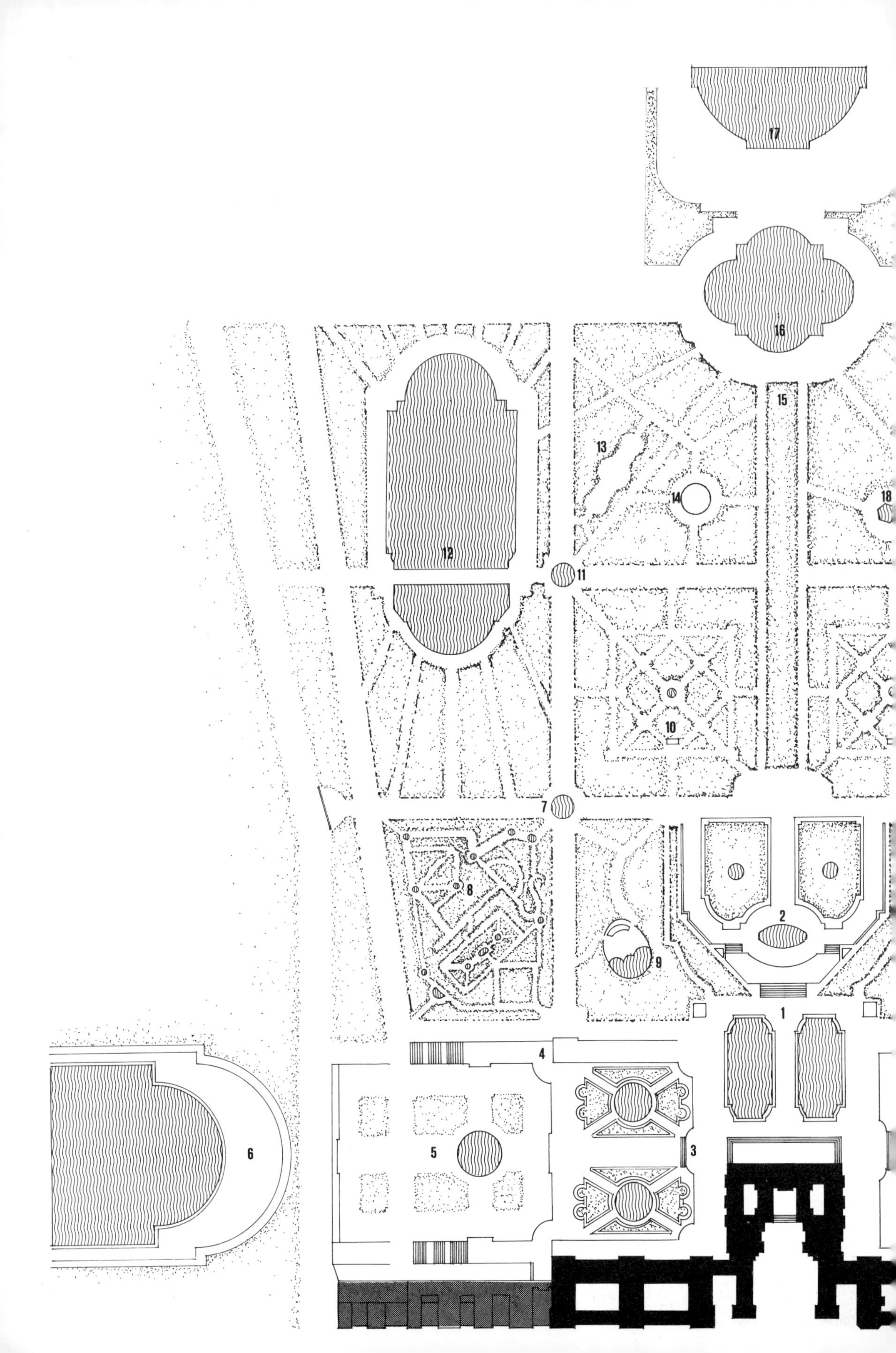
17
16
15
13
14
18
12
11
10
7
8
2
9
1
4
6
5
3

DIE GÄRTEN
VON VERSAILLES
IM 17. JAHRHUNDERT
Gesamtplan der Parterres und der Boskette. (Gezeichnet von Gilles Monson. Die Ziffern entsprechen den eingeklammerten Ziffern im Text.)

1 – Parterre d'Eau
2 – Bassin de Latone
3 – Parterre du Midi
4 – Les Cent-Marches
5 – Orangerie
6 – Pièce d'eau des Suisses
7-11-21-23 – Bassins des Saisons
8 – Labyrinth
9 – Salle de Bal (Rocailles)
10 – Bosquet de la Girandole
12 – Le Miroir et l'île Royale
13 – Cabinet des Antiques
14 – La Colonnade
15 – Le Tapis-Vert
16 – Bassin d'Apollon
17 – Grand Canal
18 – Bosquet des Dômes
19 – L'Encelade
20 – Salle des Festins
22 – Bosquet de l'Étoile
24 – Théâtre d'Eau
25 – Bosquet du Marais
26 – Les Trois Fontaines
27 – Bassin de Neptune
28 – Bassin du Dragon
29 – Bosquet de l'Arc de Triomphe
30 – Allée des Marmousets (Allée d'Eau)
31 – Pyramide d'Eau
32 – Parterre du Nord

Oben: Aufriß der von den Cent-Marches eingefaßten Orangerie.
Unten: Die Orangerie, Gemälde von J. B. Martin, Musée de Versailles.
Folgende Doppelseite: Die Montagne d'Eau im Bosquet de l'Etoile: als Plan sowie nach einem Stich von Pérelle und nach einem Gemälde von Cotelle.

## VOM BASSIN DE NEPTUNE ZUM PIÈCE D'EAU DES SUISSES

[1] Le Brun ist in gewisser Weise der Regisseur eines Schauspiels, in dem tatsächlich alle zeitgenössischen Talente in Erscheinung treten: Girardon, Coysevox, Marsy, Tubi, die gesamte französische Bildhauerkunst des 17. Jahrhunderts ist in Versailles vertreten.

[2] Die Ziffern in Klammern entsprechen den Ziffern des Plans auf der vorangehenden Doppelseite.

von denen wenigstens Lebrun genannt werden soll, der den Standort der zahlreichen Statuen[1] festlegte, außerdem die Francines, die italienischer Herkunft waren und als Gärtner des Königs die Verantwortung für die Wasserspiele hatten (bis zu eintausendvierhundert Springbrunnen konnten in Versailles gleichzeitig in Betrieb sein), und schließlich La Quintinie, der Schöpfer des „königlichen Gemüsegartens", der für die Pflanzungen verantwortlich war. Was man schon ziemlich bald das *Parterre d'Eau* (1)[2] nannte, durchlief verschiedene aufeinanderfolgende Phasen, bis es schließlich die Gestalt annahm, in der wir es heute noch kennen: zwei parallele Bassins – direkt vor der Fassade des Schlosses – spiegeln die Gebäude und öffnen den Ausblick nach Westen. Sie sind voneinander getrennt durch eine Allee in ihrer Mitte, die zum *Bassin de Latone* (2) führt und von dort aus zum *Tapis-Vert* (15); sie liegen zwischen dem sogenannten *Parterre du Midi* (3) und dem *Parterre du Nord* (32), die sich unmittelbar vor den seitlichen Flügeln befinden, die Mansart an das ursprüngliche Schloß angebaut hatte. Das Parterre du Midi erhielt seine definitive Gestalt erst, nachdem die *Orangerie* (5), die es überragt, vollendet war. Es besteht aus zwei Beeten, in denen die Alleen, als Andreaskreuze angelegt, zu runden Bassins hinführen, durch Rabatten von Buchsbäumen gesäumt. Ihr Grundriß wird durch in regelmäßigen Abständen gesetzte und in konische Form geschnittene Taxusbäume betont. Dieses Parterre liegt um einige Treppenstufen tiefer als das Parterre d'Eau und ist deshalb um so auffälliger; es bietet einen besseren Übergang zur Orangerie, die eingeschlossen ist, sich aber auf das sehr große sogenannte *Pièce d'eau des Suisses* (6) öffnet (deshalb so genannt, weil ein Regiment von Schweizer Söldnern aufgeboten wurde, um es zu graben), das eher den Charakter eines Weihers als den eines Bassins besitzt. Die Orangerie ist auf zwei Seiten (Osten und Westen) von zwei riesigen Treppen flankiert, den berühmten *Cent-Marches* (4), die ein gigantisches Ausmaß, aber auch einen perfekten Plan besitzen.

Das Parterre du Nord wiederum ist wie das Parterre du Midi von einer es überragenden Terrasse umgeben, von der aus man es besser überblikken kann. Wenn es auch nicht die Tiefe der Orangerie hat, ist es doch viel abgeschlossener als das Parterre du Midi. Ein weiterer Unterschied besteht darin, daß die beiden runden Bassins, die die Komposition dieses Parterres bestimmen, nicht in der Mitte liegen, sondern so angeordnet sind, daß sie eine Figur, ein Dreieck bilden, dessen Scheitelpunkt die *Pyramide d'Eau* (31) darstellt, welche den Zugang zur *Allée d'Eau* (30) und gleichzeitig zu einem Bereich von Unterholz und Frische markiert. Die Namen „Parterre du Nord" und „Parterre du Midi" sind völlig gerechtfertigt, wie man feststellen kann. Die Benennungen sind nicht einfach nur durch die Position auf dem Plan festgelegt, sondern sie stimmen mit den zwei Welten zusammen: Das Parterre du Midi, sehr offen, ist nur eine Terrasse, die eine Verbindung zur Orangerie schafft, wo die Früchte aus den

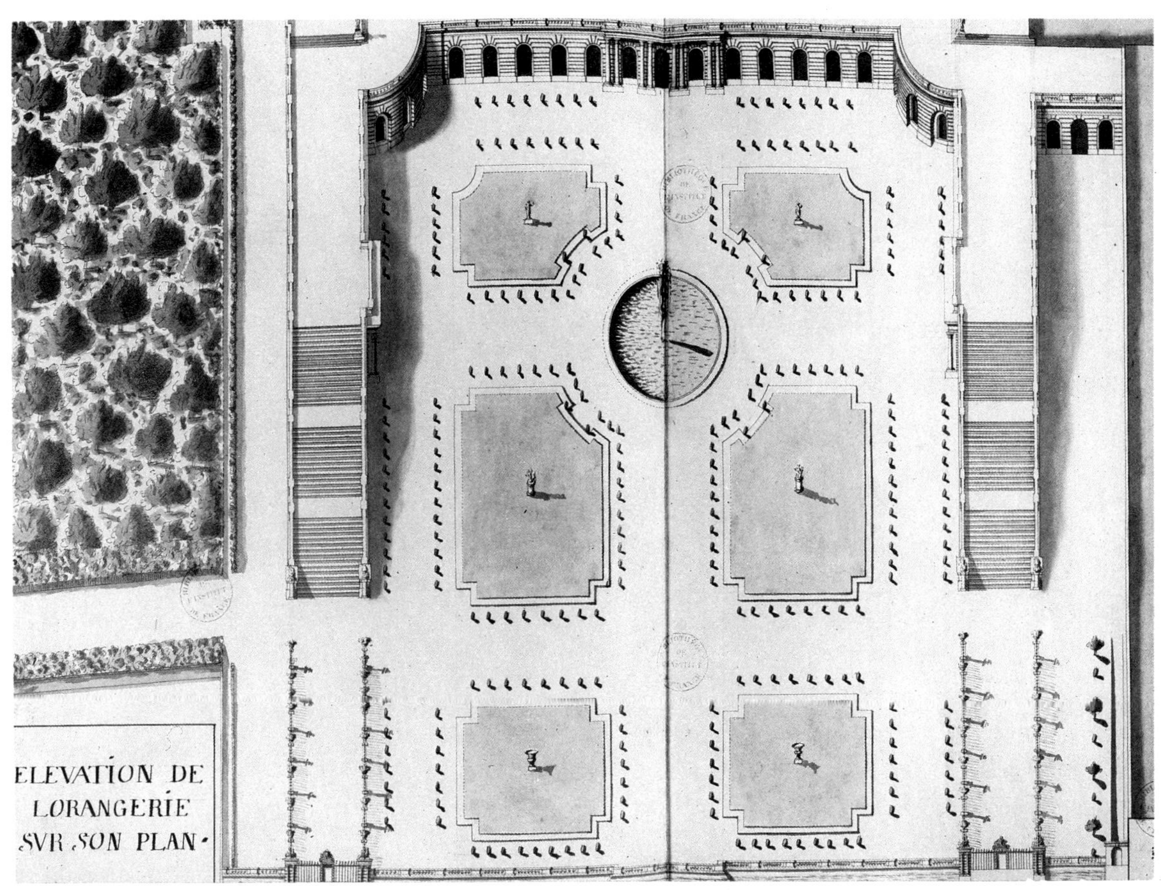
ELEVATION DE
LORANGERIE
SVR SON PLAN·

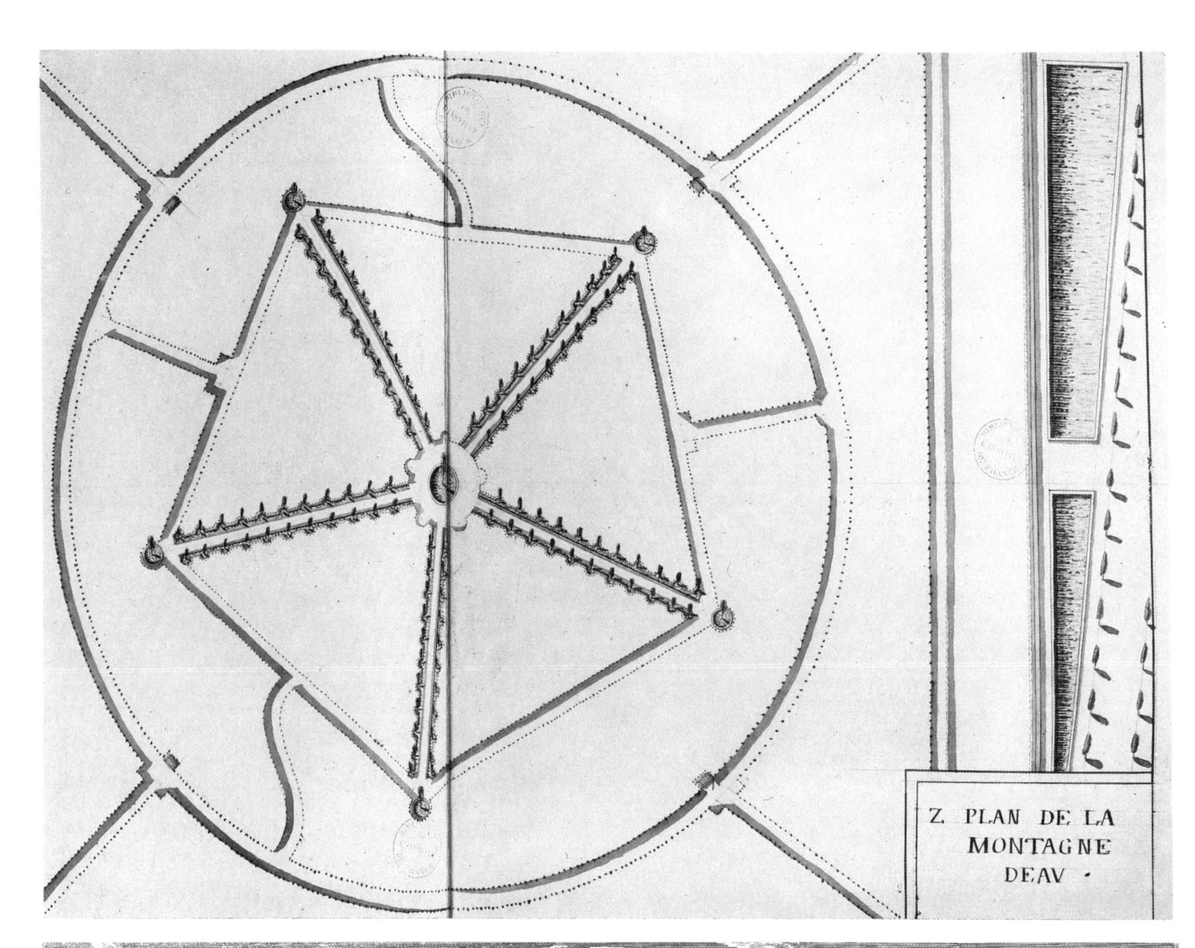

LA FONTAINE DE L'ETOILLE ou LA MONTAGNE D'EAV, est du meme côte que le Theatre, dans vn petit bois au milieu de cinq allées, qui aboutissent
a vne espece de Salon. L'eau qui jalit de cette Fontaine, forme comme vne grosse montagne, et retombant par cinq endroits forme autant de napes
qui tombent au pied du bassin, dans les Allées d'espace en espace il y a des roches qui jettent de l'eau.

A Paris Chez N. Langlois, ruë S. Iacques. Avec Privilege du Roy

Linke Seite: J. B. Martin, Ansicht des Schlosses von Versailles, vom Bassin de Neptune aus gesehen, Musée de Versailles.
Rechte Seite: Der regelmäßige Rhythmus der beschnittenen Taxusbäume in den Alleen des Parterre du Nord.

Oben: Die Allée des Marmousets, an ihrem oberen Ende die Pyramide d'Eau, die von Girardon geschaffen wurde.
Unten: Das Ensemble aus Blei des Bassin de Neptune, dahinter die Allée des Marmousets.

Ländern der Sonne zwischen den Steinen reifen. Hier führt der Buchsbaum zu den Orangen, während er im Norden auf tiefes Unterholz hinführt. Die Pyramide d'Eau (ein Werk Girardons)[1], schafft, indem sie emporsprüht und so den Tag begrüßt, eine Verbindung zu dieser verborgenen Welt, die sich nach Norden bis zum *Bassin de Neptune* (27) hinzieht.

Hier verlassen wir den Bereich der Parterres im engeren Sinne, um in jenen der Boskette, den Le Nôtre bevorzugte, einzutreten. Die bewaldete Zone, die das Parterre du Nord vom Bassin de Neptune trennt, führt als komplexe und raffinierte Anlage von Unterholz mit Lichtungen, Überraschungen, mit seiner ganzen Frische unmittelbar bis zum Schloß. Die Gärten von Versailles sind ganz und gar von diesem Wechsel geprägt: auf der einen Seite großartige Achsen, die durch Wasserflächen und durch die wissenschaftliche Anwendung der Perspektive verherrlicht werden, Zonen, die zum Himmel geöffnet sind und nach allen Richtungen ins Unendliche führen; auf der anderen Seite diese bewaldeten Zonen, diese „couverts", wie man damals sagte, in denen sich – in einem dichten Netz – die Reize einer Welt der Geheimnisse, der Fontänen und der Phantasie entfaltet. Es ist deshalb nur logisch, daß beim Eintritt in die Allée d'Eau (oder *Allée des Marmousets*), im viereckigen Bassin, dem sogenannten *Bain des Nymphes* die Geschöpfe der Jagdgöttin Diana den Besucher empfangen. Von dort aus geht er die Allée d'Eau (die Perrault entworfen hat) hinunter, zwischen Gruppen von Kindern, die Becken halten, aus denen eine Fontäne schießt und sie überströmt, und gelangt zum Bassin de Neptune, das am nördlichen Ende des Gartens als Halbkreis angelegt ist. Es ist groß und funktioniert wie ein wirkliches Theater, wo das Wasser unbeweglich im Parterre ruht und gleichzeitig auf der Bühne sprüht. Es wurde unter Louis XV. von Gabriel restauriert, und die Gruppen aus Blei, die es verzieren – besonders hervorzuheben *Neptun und Amphitrite,* ein Werk von Lambert-Sigibert Adam –, stammen ebenfalls aus dem 18. Jahrhundert. Es ist einer der wenigen Orte von Versailles, die noch nach der Herrschaftszeit Louis' XIV. ausgeschmückt werden konnten. Es wird auf der Seite der Allée d'Eau durch ein zusätzliches rundes Bassin ergänzt, das *Bassin du Dragon* (28), wo das von Apoll besiegte Tier einen mächtigen Strahl ausspie, der hinter der „Bühne" des Bassins de Neptune die Pracht dieses Zusammenspiels vollendete und darüber hinaus die Freude des Überschäumens, eine chthonische und barocke Note, nachklingen ließ.

Auf beiden Seiten der Allée d'Eau befanden sich zwei Boskette: *L'Arc de Triomphe* (29) auf der Seite des Schlosses und *Les Trois Fontaines* (26) auf der Seite des Parks neben den Bosketten. Im Jahre 1775 verschwanden diese Anlagen. L'Arc de Triomphe, nach einem Entwurf Le Bruns von Le Nôtre realisiert, war eine Übertragung dieser Verherrlichungen des Sonnenkönigs in die Sprache des Gartens, wie wir sie auch in der Porte Saint-Denis finden. Er vereinigte Bildhauerkunst, Architektur (leicht, aus vergol-

[1] „Die Fontaine de la pyramide hat ihren Namen wegen ihres Aussehens erhalten: denn zuoberst ist eine große Vase, die aus einem Bassin hervorkommt, das von vier Krebsen getragen wird; diese dienen als Konsolen und sind in ein weiteres größeres Bassin gestellt, das von vier Delphinen getragen wird; diese Delphine haben ihren Kopf am Rande eines anderen Bassins, das vier junge Tritonen mit doppeltem Schwanz halten, die wiederum in einem noch größeren Bassin stehen; dieses wird gestützt von vier Konsolen in Form von Löwenpranken und von vier großen Tritonen, die im großen Bassin zu schwimmen scheinen, dessen Rand aus Stein ebenerdig und rundherum mit einem Rasenstreifen eingefaßt ist", schreibt Félibien in seiner *Description de Versailles.*

Die Colonnade, Seitenansicht und heutiger Zustand.
Folgende Doppelseite: Die Ile Royale, links als Plan, rechts umgestaltet anläßlich der *Plaisirs de l'Ile Enchantée,* eines Festes, das 1664 gefeiert wurde (Stich Israël Sylvestres). Unten eine sehr schöne Zeichnung, ebenfalls von Sylvestre, auf der der Damm, welcher die eigentliche Ile Royale vom Miroir trennt, gut zu sehen ist.



detem Eisen), die Pflanzenwelt und selbstverständlich die Brunnen. Diese aber rühmten nur sich selber mit einer besonderen Nuance an Frische und Intimität im anderen Boskett; dort war die Abschüssigkeit des Geländes benutzt worden, um drei aufeinanderfolgende Stufen zu formen, jede mit einer anderen Stimmung. Dieser anmutige Eindruck wurde durch das Wasserrauschen noch erhöht (sehr italienisch).

Im Raum zwischen dem Bassin de Latone und dem *Bassin d'Apollon* (16) liegt die Ost-West-Achse, die Große Achse (wir werden am Schluß darauf zurückkommen) in der Gestalt des „Grünen Teppichs" (Le Tapis-Vert). Auf dessen beiden Seiten sind die Boskette angeordnet, deren seitliche Begrenzungen sich allmählich leicht öffnen, je weiter man hinuntergeht. Ihre Fläche wäre ein perfektes regelmäßiges, der Länge nach in zwei Stücke geteiltes Trapez, wenn nicht die Boskette – tatsächlich, das haben wir gesehen – zusammen mit dem Arc de Triomphe und den Trois Fontaines einen geglückten Übergriff gewagt hätten.

Sie sind verschiedenartig, vielfältig, sie kombinieren die Symmetrie mit gelehrten Unregelmäßigkeiten, die ihrerseits so gestaltet sind, daß sie einander kompensieren; so bieten sie dem Besucher etwas wie ein Labyrinth, das von Überraschungen und Allegorien gekennzeichnet ist, über die Kontrapunkte der Hagenbuchenhecken, über Alleen und Zonen, in denen das Laubwerk sich lichtet, um die Sehenswürdigkeiten und die Ornamente durchscheinen zu lassen.

Eine emblematische Figur des Irrgartens, zwangsläufig mitten in diesem Irrgarten gelegen, ist das *Labyrinth* (8), die erste Anlage, auf die man stößt, wenn man die Bosquets du Midi besichtigt. Es war schon stark beschädigt, als es 1775 beseitigt wurde; es bestand aus neununddreißig Brunnen mit Motiven aus Aesops Fabeln, dargestellt von naturalistisch bemalten Tieren aus Blei. Die Brunnen waren untereinander durch ein Netz von verschachtelten Alleen verbunden, die dazu einluden, sich zu verirren. Direkt neben dem Labyrinth befand sich der *Salle de Bal* oder die *Rocailles* (9), die man noch heute bewundern kann. Mit den Trois Fontaines war dies zweifellos eines der „italienischsten" Boskette von Versailles. Dieses Boskett ist von gewundenen Alleen geschützt, die es bis im letzten Moment verbergen, und besteht im wesentlichen aus einer Art Arena, die von Stufen aus Laub- und Muschelwerk eingefaßt ist. Es verdankt seinen Namen der Funktion, die es hatte. Man soll es sich also in einer Sommernacht, mit Wasserreflexen, mit Laternen, Musik und Tanzenden vorstellen.

Ein wenig weiter entfernt, in westlicher Richtung, jenseits des Labyrinths, befand sich der *Miroir* und die *Ile Royale* (12). Dies sind zwei durch einen Damm voneinander getrennte Bassins. Das Wasser des Miroir – ein schmuckloses Bassin mit einfachen Linien, das heute noch besteht – ergoß sich in das Wasser der Ile Royale – die nicht mehr existiert –, und zwar durch ein „Buffet d'eau", eine Art Wasserorgel, die an jene von Vaux erin-

PROFIL
DE LA
COLONNADE.
Echelle de cinq toises.

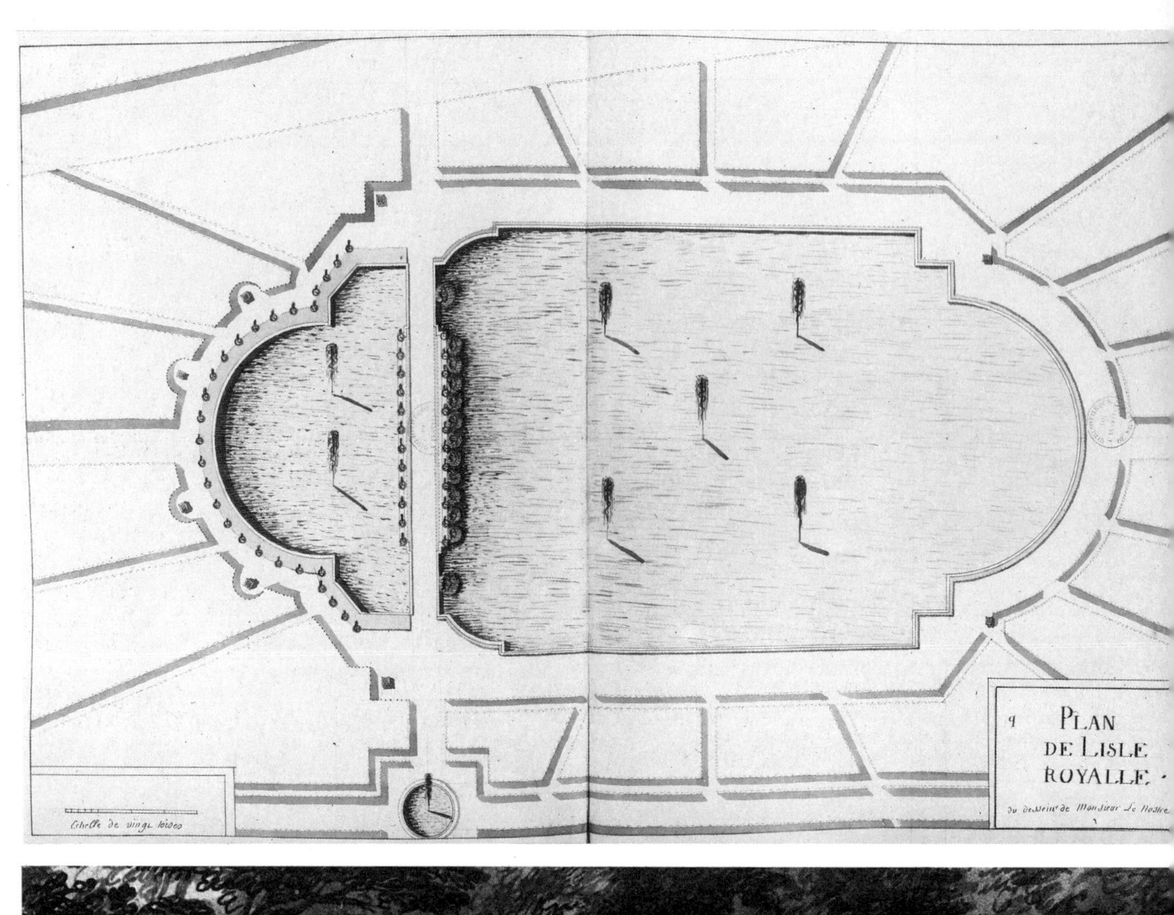
9
PLAN
DE LISLE
ROYALLE.
du dessein de Monsieur Le Nostre
Echelle de vingt toises

Troisiesme
Journée
Theatre dressé au milieu du grand Estang
representant l'Isle d'Alcine, ou paroissoit son Palais
enchanté sortant d'vn petit Rocher dans lequel fut dancé
vn Ballet de plusieurs entrées, et apres quoy ce Palais fut
consumé par vn feu d'artifice representant la rupture
de l'enchantement apres la fuite de Roger
Israel Silvestre, deline, et sculpsit.

8

Plan des Labyrinths. Rechts: Zwei Stiche aus dem Buch von Perrault, oben die Fontaine du Combat des Animaux und unten der Eingang zum Labyrinth, der von den Statuen Aesops und Amors bewacht ist.

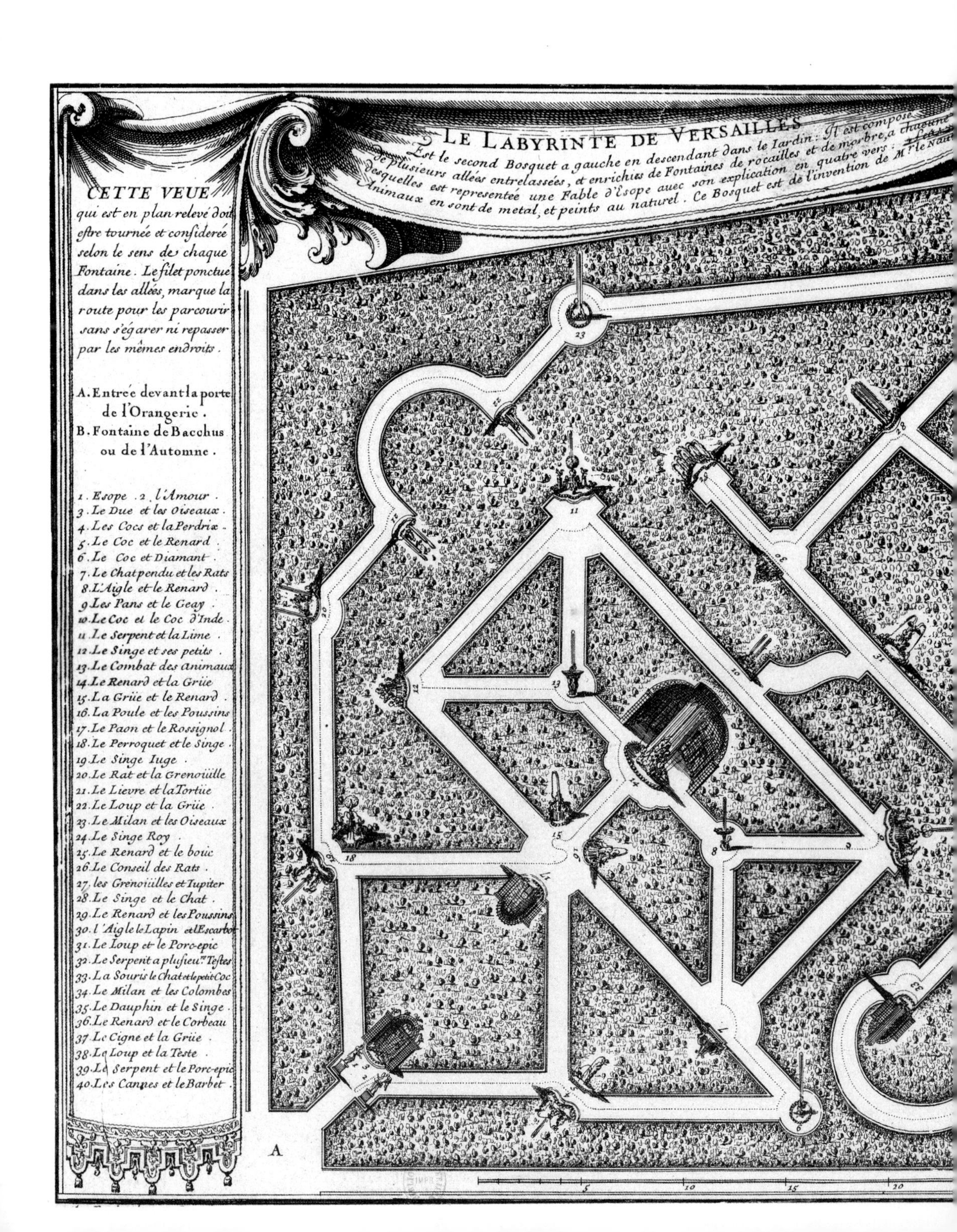

Folgende Doppelseite: Beleuchtung um den Grand Canal von Versailles während eines Festes (Stich von Le Pautre, Musée de Versailles).

Oben: Plan des Salle des Festins.
Unten: Dasselbe Boskett nach einem Gemälde J. B. Martins (Musée de Versailles).

nert. Nicht weit davon entfernt befand sich die *Galerie d'Eau* oder das *Cabinet des Antiques* (13), in der vierundzwanzig Statuen, Kopien aus der Antike, abwechselnd mit Orangenbäumen und Springbrunnen, eine Art Freilichtmuseum bildeten. Sie waren von einem hohen Gitterwerk umgeben, das mit Geißblatt geschmückt war.

Dann kommt man zur *Colonnade* (14), die wir Mansart verdanken und die ein weiteres Beispiel für diese Harmonie ist, die in Versailles die Architektur im engeren Sinne – aufs Lebendigste und Schönste – mit den Gärten verband: Die Colonnade ist eigentlich eine Lichtung, aus Marmor statt aus Pflanzen, die sich in Form eines luftigen Kreises aus Säulen und Arkaden, von einem Gesims mit Vasen bekrönt, von der Vegetation abhebt.

Auf der anderen Seite des Tapis-Vert, im Norden, beginnen die Boskette, wenn man vom Bassin d'Apollon aus in Richtung Schloß geht, am *Bassin de l'Encelade* (19) vorbei, wo der Riese sich im Geröll des Olymps zu winden scheint. Dieser Brunnen ist ein gequältes Werk Marsays, sehr im italienischen Stil, das eine ziemlich düstere Note einführt, was Cotelle, ein unbeschwerter Maler, in sein Medium übertrug, als er den Brunnen im Gewittersturm darstellte.

Dann gibt es das *Bosquet des Dômes* (18); auch da haben Mansart und Le Nôtre sehr eng zusammengearbeitet. Dieses Boskett durchlief verschiedene Phasen (Bosquet du Marais, später Bosquet des Bains d'Apollon) und schützte den Marmor der Thetis-Grotte (s. weiter unten) nach deren Zerstörung. Seit Mansarts Pavillons (oder Kuppeln) verschwunden sind, kann man sich heute vor allem am gelehrten und eleganten Spiel der Marmorbalustraden erfreuen; diese fassen den Wasserspiegel ein, in dessen Mitte ein Zierbrunnenbecken ist. Anschließend würde man auf ein Boskett stoßen, das *Salle des Festins* (20) hieß. Es war ziemlich groß und komplex und enthielt eine Anordnung von verschiedenen runden Bassins, die auf beiden Seiten mit einem Wassergürtel versehen waren, wo zahlreiche Springbrunnen sprühten. Mansart vereinfachte es nach Le Nôtres Tod im Jahre 1704 beträchtlich, indem er das emporschießende Wasser auf einen Punkt in der Mitte, auf den *Obélisque,* konzentrierte. Wenn man wieder in Richtung Schloß zurückging, entdeckte man noch das *Bosquet de l'Etoile* (22), das aus fünf Alleen bestand, die bei einem Brunnen oder Muschelwerk, der „montagne d'eau", zusammentrafen, die ebenfalls im Jahre 1704 verschwand; schließlich stieß man auf das *Théâtre d'Eau* (24), in dem drei Wasserarme sich in der Perspektive vereinigten, um eine halbkreisförmige Vorbühne zu bilden, während der andere Halbkreis als Parkett diente, von dem aus man die Spiele und Rhythmen der abwechslungsreich zusammengestellten Springbrunnen[1] mit Muße betrachten konnte. Hätten sie erhalten werden können, so hätten zweifellos dieses Boskett (das gegen 1750 zerstört wurde) und sein unmittelbarer Nachbar (les Trois Fontaines) die beste Vorstellung von einem Le Nôtre vermittelt, der eigentlich nichts anderes war als ein Gärtner und ein Experte im Umgang

[1] „Denn bald erscheint jeder Kanal als eine lange Wasserallee in der Form einer Laube, die mit mehreren, in regelmäßigen Abständen eingerichteten mächtigen Springbrunnen geschmückt ist; bald sind es wie zahlreiche Palisaden aus kristallenem Wasser, die die Kanäle und die Alleen in viele andere Alleen unterteilen; bald sind es Wassergitter, von kleinen Leuchtern gesäumt; bald sind es silberne Büschel, so hoch wie die Bäume. Kurz, das Wasser sprüht an diesen Orten in so großem Überfluß und auf so viele unterschiedliche Arten, daß es unmöglich ist, die verschiedenen Effekte zu begreifen, ohne daß man sie sieht" (Félibien, *Description de Versailles*).

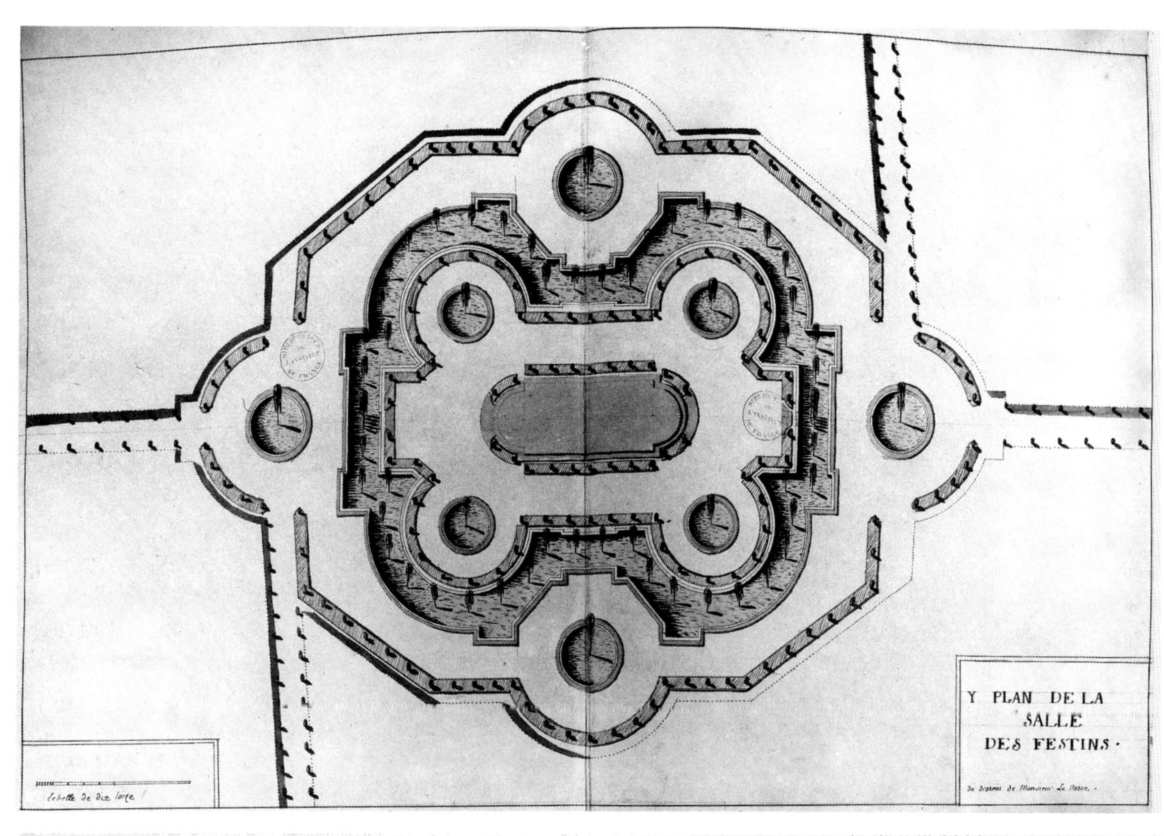
Y PLAN DE LA
SALLE
DES FESTINS.
Du Dessein de Monsieur Le Nostre.
Echelle de dix toise

Saint-Germain en Laye: Die Terrasse.
Folgende Doppelseite: Versailles, Plan des Bassin de Neptune.

mit Wasser, auch Architekt, gewiß, der aber kein anderes Material außer Wasser und Pflanzen und der keine andere Wissenschaft außer der Perspektive und der Berechnung der Flächen zur Verfügung hatte.

Man muß sich diese Boskette mit breiteren Alleen vorstellen, die sie aufteilen, und mit Bassins, die die Kreuzungen betonen. Die Bassins sind heute vollständig restauriert, d. h. bemalt. Diejenigen, die den Jahreszeiten und den Gottheiten, die sie verkörpern, geweiht sind (7, 11, 21 und 23) – Ceres dem Sommer, Saturn dem Winter, Flora dem Frühling und Bacchus dem Herbst –, können von den Elementen des Gartens zweifellos am besten das Versailles von Louis XIV. erahnen lassen. Aber nur dank der alten Dokumente – die Pläne selbst, aber auch Pérelles oder Avelines Stiche oder Cotelles und Allegrains Gemälde – kann man sich eine Vorstellung machen von dem, was diese Boskette gewesen sind: hohe *Treillages,* laub- und blumengeschmückte Gitter, welche die Alleen oder Plätze fest umgrenzten; dazu duftende Blumenbeete, Obstbäume, das Rauschen des rieselnden Wassers und der Springbrunnen, aus denen sich Garben, Fächer oder diese „Silberzypressen" erhoben, die Mehmed Effendi[1] bewunderte. Dies alles ist bereits sehr früh verschwunden, und so formte sich das Bild eines Le Nôtre, der nur geometrisch und streng ist und wie besessen großartige Achsen entwirft, um die Natur zu bezwingen. Dem Le Nôtre der Strenge, Le Nôtre, dem Gartenarchitekten, wollen wir uns jetzt annähern, indem wir der Nord-West-Achse folgen. Aber wir müssen immer diese doppelte Polarität im Gedächtnis behalten, die seinen wirklichen Reichtum ausmacht; einmal seine fast barocke Neigung, deren freiester Ausdruck die Boskette sind, zum anderen dieses „klassische" Raumverständnis, das die Auswirkungen der Perspektive den Dimensionen des Himmels anpaßt und das die große ordnende Achse von Versailles am radikalsten vor Augen führt.

[1] „Von da kam ich zu einem großen Bassin, in dessen Mitte zweihundertfünfunddreißig Springbrunnen sind, die sich auf drei Etagen verteilen. Diejenigen der ersten sprühen ihr Wasser in die Höhe von neunzig Fuß empor, jene der zweiten ein bißchen weniger hoch und jene der dritten noch weniger. Alle zusammen bilden die Figur einer silbernen Zypresse" (Yimisekiz Celebi Mehmed Effendi, *Le Paradis des Infidèles,* éditions La Découverte, 1982, S. 123).

## DIE OST-WEST-ACHSE. DER GROSSE KANAL

Wir befinden uns von neuem vor dem Schloß, auf dem Parterre d'Eau. Wir blicken um uns: die Parterres, die Wälder – aber direkt vor uns eine prächtige Schneise; sie zieht den Blick auf sich, liegt still da: sie beruhigt den Raum und macht ihn zugleich weit, sie verankert die Stille in der Weite und macht diese zugleich lebendig und mysteriös: greifbar. Das geht so fort bis in die Ferne, in die Unendlichkeit: von der Schloßfassade bis zum Gitter des „kleinen Parks" sind es dreieinhalb Kilometer, und jenseits davon öffnet sich der Horizont. Aber diese vibrierende Linie ist mannigfaltig und dicht und besteht aus verschiedenen Abschnitten, die der Blick miteinander verknüpft[2]. Sie beginnt mit der Allee, die die beiden Wasserflächen des Parterre d'Eau voneinander trennt. Unmittelbar danach ein erster Halt: das Bassin de Latone (2) (Leto, Appolls Mutter gewidmet). Da speien goldene Frösche Wasser; sie sitzen rund um einen kreisförmigen Brunnen, der aus vier Stufen besteht, über denen sich das Bildnis der Mutter des Sonnengottes erhebt. Dann kommt der Tapis-Vert, der sanft abfallend verläuft und an seinen Rändern längs der Boskette keine weitere Ver-

[2] Es wäre im übrigen falsch, sie sich als reinen axialen Gewaltakt vorzustellen. Wenn diese Linie auch sehr wohl gerade verläuft, so scheint sie doch zuerst bergab zu führen, um anschließend wieder in Richtung Horizont anzusteigen. Die Perspektive bei Le Nôtre ist auch die Wissenschaft, das Gelände abzutasten, der Genuß des Gefälles.

allée de trianon.
Echelle de trente toize

PLAN DE LA PIECE
DES SAPINS
OV BASSINS DE NEPTVN
A bassin du dragon
du dessein de Monsieur Le Nostre

Links von oben nach unten: Das Bassin d'Appollon, eine Allee des Parterre du Nord und der Salle de Bal.
Rechts: Das Bassin de Latone mit seiner ins Unendliche sich öffnenden Perspektive.
Folgende Doppelseite: Seitenansicht des Bassin de Latone und eines der beiden seitlichen Parterres, die es einfassen.

PROFIL
DE LA
LATONNE.

Echelle de vingt toises

Links oben: Das Bassin de Latone.
Unten links und Mitte: Das Bassin de l'Automne.
Rechts: Das Bassin du Printemps.
Rechte Seite oben: Plan der Galerie d'Eau.
Unten: Plan des Theâtre d'Eau.

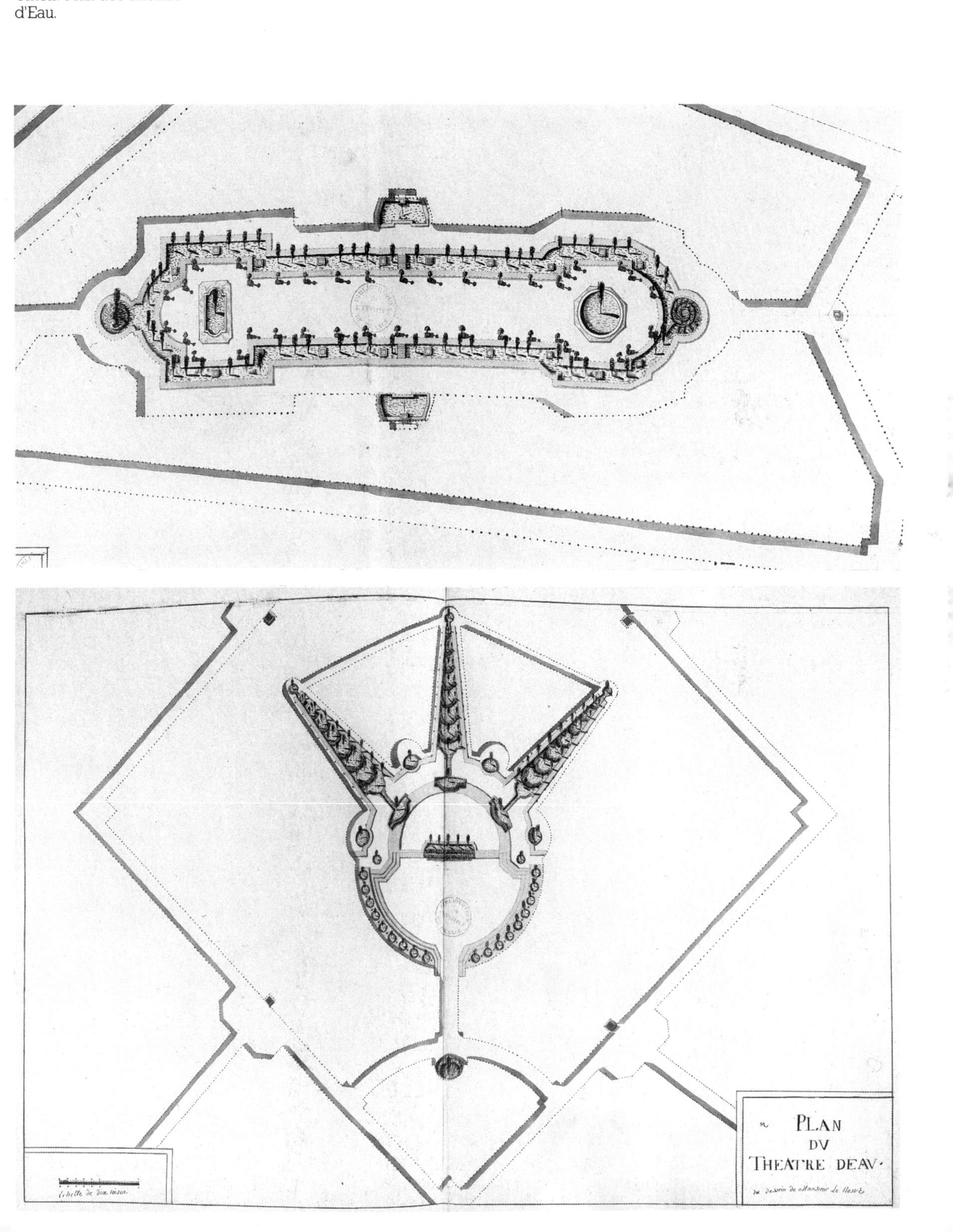

Links: Das Kreuz des Grand Canal.
Rechts: Der Bosquet des Dômes.

Oben: Ansicht der Parterres du midi oberhalb der Orangerie.
Unten: Ansicht der Parterres du nord mit der Pyramide und der Allée d'Eau.

zierung aufweist außer abwechselnd Vasen und Statuen. Dann ein zweiter Halt, das Bassin d'Apollon, hundertundzehn Meter breit und fünfundsiebzig Meter lang, wo die Gruppe mit Apolls Wagen (aus Blei geschaffen von Jean-Baptiste Tubi) in heftiger und nervöser Angriffspose unerschrocken dem Schloß entgegenstürmt. Jenseits davon schließlich der *Grand-Canal* (17). Er ist insgesamt eintausendsechshundertsiebzig Meter lang, seine Breite schwankt zwischen zweiundsechzig Metern an seinen engsten Stellen und einhundertneunzig Metern an seiner breitesten, wo er sich zu einem achteckigen Bassin öffnet. Auf zwei Fünfteln der Länge stößt ein Seitenarm auf den Kanal und bildet mit diesem ein Kreuz: jener ist eintausendundsiebzig Meter lang und fünfundsiebzig Meter breit und verbindet die Ménagerie (im Süden) mit dem Trianon (im Norden). Jenseits des Kanals war die Perspektive durch eine Allee noch verlängert, welche sich zu einem Stern öffnete, dessen drei obere Zacken im umgekehrten Sinn die Form des offenen Gänsefußes vor dem Schloß wiederaufnahmen: dieselbe axiale Konstruktion wie in Vaux, aber in größerem Maßstab und mit noch mehr Überzeugungskraft.

Wenn der Grand Canal auch die Seele der allgemeinen Komposition von Versailles ist – er wird , „zu seinen Lebzeiten“ möchte man fast sagen, nicht nur die Rolle einer grandiosen Architektur spielen, im Gegenteil, er war in Wirklichkeit ein belebter Ort wie die Boskette: Auf alten Stichen sind Schiffe zu sehen, – sie entspringen nicht der Einbildung. Es sind Gondeln, Geschenke der Republik Venedig, vornehme Schiffe in verkleinerter Ausführung, eine ganze Flotille, die da Zwischenlandung machte und bereit war, für die Feste oder die nächtlichen Bankette die Anker zu lichten.

Versailles war zuallererst eine Wahl und, mehr noch, eine Absage. Louis XIV. mochte Paris bekanntlich nicht. Die Erinnerungen an die Fronde, aber auch eine instinktive Furcht vor der Straße – das ist es, was *a contrario* das *Signum,* das Versailles darstellt, lebendig werden läßt. Eine prachtvolle, aber abgeschlossene Welt, Apotheose der absoluten Macht, kostspieliger Aufwand, Theater, ein durch Hochmut entstandenes Monstrum – alles dies ist Versailles. Wir aber untersuchen hier die außergewöhnliche Chance eines Mannes, dem durch die unsinnige Größe des königlichen Auftrages außergewöhnliche Mittel zur Verfügung gestellt wurden – weniger um „die Natur zu bezwingen“, als um ein Programm aus Größenwahn und illustrem Vergnügen zu ihrem Höhepunkt zu bringen. Le Nôtres Spektrum ist breit, wie wir gesehen haben. Er ersinnt den Raum, er trassiert ihn – aber er ist ebenfalls bereit, ihn auszuschmücken. Er eröffnet eine unendliche Perspektive, aber er schließt die Wälder um ihre Geheimnisse. Wenn er sich auch mit einer Entfernung der Thetis-Grotte einverstanden erklärt (neben dem Schloß; sie wird als zu italienisch betrachtet), wenn er bereit ist, eine Statue Berninis (das Reiterstandbild von Louis XIV.) aus dem Blickfeld zu verbannen, so schafft er gleichzeitig

Zwei Beispiele für die nüchternen Seiten von Versailles. Oben: Die Cent-Marches. Unten: Die Verlängerung der Balustrade der Cent-Marches.

Raum für eine große Zahl von Erfindungen, die jene der Gärten Italiens durch ihren Sinn für die Überraschung und für Kaprize übertreffen. Selbst die Strenge der großen Achsen ist ihm nur Vorwand für etwas Zartes, wodurch er sie mäßigt, als ob etwas von Racines Vers mit ihm in der Landschaft seine Erfüllung und seinen idealen Nachklang gefunden hätte.

Le Nôtres Zeitgenossen sahen – verwirrt und erstickt durch den Luxus der Anlagen – ein anderes Versailles als das, welches wir heute erleben, aber dieses ist nicht „wirklicher" als jenes der Feste. Zweifellos müßte man es zwischen diesen beiden wiederfinden, dann aber als Projektion, als Kunstgriff, bei dem der Geist zusieht, wie sie gleichzeitig Wirklichkeit werden, als Essenz eines Ortes, dessen größte Kraft vielleicht, jenseits seines Ruhmes, darin liegt, sein Geheimnis bewahrt zu haben, indem er die abstrakte Macht der Geometrie mit der Fähigkeit, das Sichtbare hervorzubringen, verknüpfte.

# Andere Gärten

Versailles mag sowohl wegen seiner Dimensionen als auch wegen des Anspruchs, ganz allein die Herrschaft Louis' XIV. symbolisieren zu können, den Höhepunkt in Le Nôtres Karriere darstellen; dennoch wäre es falsch, sich zu einer Vorstellung des Demiurgen Le Nôtre hinreißen zu lassen, der hier sein letztes Meisterwerk vollendete. Denn wiederum auf Veranlassung des Königs oder der Fürsten ergaben sich parallel zu Versailles vielfältige Aufgaben. Versailles war lediglich das Modell und das Zentrum einer Bearbeitung der Landschaft, wie sie sich rund um Paris und, etwas bescheidener, auch in der Provinz entfaltete. Chantilly, Saint-Germain, Saint-Cloud, Sceaux, das sind Le Nôtres Entwürfe (ohne von den Tuilerien und von vielen anderen Orten zu sprechen), mit denen sich sein Stil verfeinert, den lokalen Bedingungen anpaßt und hier und dort Möglichkeiten findet, seine Raffinesse oder seine Strenge zu offenbaren. Aber bevor wir mit der Beschreibung der wichtigsten Gärten beginnen, die aus der Ile-de-France die Landschaft des Klassizismus machen, der klassischen Aneignung des Bodens, lange bevor sie der Geburtsort des Impressionismus ist, mit dem sie automatisch in Verbindung gebracht wird –, bevor wir also mit dieser Beschreibung beginnen, müssen wir uns zuerst diese Verbindung eines Bodens mit einem Stil vor Augen führen – mit allen Konsequenzen für unser kulturelles Urteil, die daraus folgen. Wir müssen uns auch die Dimensionen eines Werks wie das Le Nôtres sowie dessen Fähigkeit zur freien Improvisation vor Augen führen, die in seinen Zeichnungen zu erkennen ist, in denen er der Intuition vertraut, und die es der Masse der Ausführenden erlaubt, auf der Grundlage der wichtigsten Richtlinien an sehr bedeutenden Anlagen selbständig mitzuarbeiten und dafür zu sorgen, daß diese der ursprünglichen Zielsetzung schließlich nahekommen.

TRIANON

Auf dem natürlichen Hügel, der das Hufeisen am nördlichen Ende des Kreuzes vom Grand Canal überragt, läßt Louis XIV. 1670 eine zierliche Konstruktion errichten, die für seine Unterhaltungen bestimmt ist. Die Idee eines Pavillons aus Porzellan ist aus der Schwärmerei für chinesische Kunstgegenstände entstanden, die in Frankreich aufkommt, nachdem politische und kommerzielle Beziehungen mit dem Äußeren Orient angeknüpft worden sind, zum Teil auf persönliche Initiative des Königs. Der Pavillon wird aus Delfter Fayence nach Plänen Le Vaus errichtet. Die Einheit Pavillon–Garten resultiert hier auf noch angenehmere Weise aus der Zusammenarbeit von Architekt und Gärtner. Es ging hier nicht mehr darum, eine große Komposition, sondern einen Zufluchtsort in kostbarem Dekor zu schaffen, der in den Bosketten des Parks versteckt ist.

Vom Schloß aus ist der Pavillon durch die mittlere Allee des Sterns zu erreichen, auf der man auch zum Bassin d'Apollon gelangt. Die Gärten hat Le Nôtre auf die raffinierteste Weise erdacht mit dem Ziel, sie mit den zarten Farbgebungen des Pavillons und dessen Verzierungen in Einklang zu

Das Trianon und seine Parterres, Luftbild.

bringen. Claude Desgots arbeitet mit seinem Onkel zusammen und erhält hier die beste Ausbildung, die man sich nur wünschen kann.

Der Pavillon öffnet sich in südlicher Richtung auf die Ornamente aus Rasen des oberen Parterres im englischen Stil. Einige Stufen trennen diese großzügige Terrasse vom unteren Parterre, das dekorativer ist und noch heute *Parterre de fleurs* genannt wird. Vier Bassins mit Springbrunnen, die regelmäßig um das kreisförmige Wasserbecken in der Mitte verteilt sind, schmücken jeweils das Zentrum der mit Töpfen und blumengeschmückten Vasen eingefaßten Parterres. Der Garten als Ganzes ist durch ein gedecktes Spalier geschützt, das ihn auf drei Seiten abschirmt und damit für die Intimität sorgt, die für diesen Ort erwünscht ist. Die Schnelligkeit der Arbeiten und die Feinheit des Baus und der Gärten hatten den Hof in Erstaunen versetzt. Bereits 1670 schreibt Félibien, daß „dieser Palast zuerst von allen als eine Art Zauberei betrachtet wurde; es stellte sich heraus, daß er im Frühjahr gebaut war, als wäre er mit den ihn umgebenden Blumen aus der Erde gewachsen". Das Trianon, das anfänglich *Pavillon de Flore* hieß, erhielt seinen Namen von dem Dorf, das sich dort befand. Der Pavillon hatte die Aufgabe, des Königs Leidenschaft für Blumen und Düfte zu befriedigen. Louis XIV. wünschte dauernd von einem duftenden und farbigen Dekor umgeben zu sein, es gefiel ihm, die Mahlzeiten nach einem Ritual des „offenen Szenenwechsels" zu variieren, um seine Gäste zu überraschen. Colbert war beauftragt worden, nach allen neuen Blumenarten, die aufzutreiben waren, Ausschau zu halten; sie wurden in weißen Keramikvasen und in bemalten Blumenkisten, die die Architekten eigens entworfen hatten, von den Gärtnern unermüdlich neu angeordnet. Der *Dictionnaire* von Hurtaut und Magny, in dem die Gärten beschrieben werden, denen Le Nôtre seine Kunst gewidmet hatte, empfiehlt im Jahre 1679: „Versailles wegen der Wasserspiele, Marly wegen der Bäume, Trianon wegen der Blumen."

1687 wird Jules Hardouin-Mansart mit einem Wiederaufbau des Trianon beauftragt. Der Pavillon und die Gärten sollen künftig eine größere Zahl königlicher Gäste aufnehmen und sie sollen sich freier zum Park und zum Kanal hin öffnen. Die Idee für ein transparentes Gebäude kombiniert mit einer Kolonnade wird Le Nôtre zugeschrieben. Die Polemik gegen die Kolonnade des Louvre und der Erfolg von Perraults Projekt, dazu als Vorbilder die Paläste und Villen, die Le Nôtre auf seiner Italienreise besichtigt hatte, all das nahm Einfluß auf die geglückte Konzeption. Die Transparenz des Gebäudes würde erlauben, den sehr beschränkten Raum des Gartens des Trianon auszudehnen. Le Nôtre befleißigte sich, in die umgebenden Boskette Öffnungen zu schneiden, die die Alleen optisch verlängerten. Die Boskette rund um den Garten, die er unter Mithilfe von Le Bouteux (zuständig für die Parterres) und Mansart (zuständig für den architektonischen Dekor) neu gestaltete, behandelte Le Nôtre mit derselben Sorgfalt, die er in Versailles an den Tag gelegt hatte, und er verwendete die gleichen Elemente: Räume aus grünem Laubwerk, von Nischen gesäumte und mit Statuen verzierte Amphitheater, auf viele Kreuzungen mündende Alleen, runde Plätze, die Licht einlassen in die schattigen Gewölbe, die ihn noch kurze Zeit vor seinem Tod entzückten und die er zauberhaft nannte.

## SAINT-GERMAIN

Das Werk von Philibert Delorme, die Terrassen und die Grotte von Primatice in dem Garten, in dem die Familien Mollet, Du Pérat und Francine arbeiteten, hatten zu Beginn von Louis' XIV. Herrschaft eine deutlich von der Renaissance geprägte Erscheinung. Sie waren baufällig – was sich bei einigen Erdrutschen ab 1660 erwies – und erforderten Arbeiten zur Stabilisierung. Um Saint-Germain zu verschönern, wendet sich der König an seine bevorzugte Arbeitsgemeinschaft, Le Nôtre und Le Vau, die in die Lieblingsresidenz von François I^er^ und Henri IV. entsandt werden. Der König sollte sich, mit dem Einverständnis Colberts, wegen der Arbeiten, die er in Saint-Germain auszuführen gedachte, an die besten Künstler des Königreichs wenden. Das Programm und der Terminplan für die Eingriffe sind festgelegt, die Arbeiten werden sich über mehrere Jahre erstrecken. 1663 wird mit den ersten Umbauten begonnen; sie sollen die ziemlich disparate Anlage, bestehend aus dem alten und dem neuen Schloß und den Gärten, dem Geschmack der Zeit und des Königs anpassen.

Aus Gründen der Organisation und der Ökonomie werden die Gärten neu gezeichnet, bevor mit dem Wiederaufbau der Gebäude begonnen wird. Zuerst werden die Parterres und der benachbarte Wald dem Talent Le Nôtres anvertraut. Ein Brief von Le Vau an Colbert legt von diesem ersten Eingriff Zeugnis ab: „Monsieur Le Nôtre ist mit mehreren Arbeitern hier, um das Parterre der großen Galerie vor des Königs Wohnsitz herzurichten; hier standen Pflaumenbäume, die gefällt worden sind. Die Erde wird eingeebnet, und morgen, Donnerstag, wird man mit dem Pflanzen von Buchsbäumen beginnen." Anschließend werden die zwischen Schloß und Wald gelegenen Gärten vor der Eingangsfassade, in nördlicher Richtung, angelegt. Zum Schloß gelangte man, indem man an der Stadt entlangfuhr, wo der hohe Adel logierte, bevor er genötigt wurde, dem König nach Versailles zu folgen. Le Nôtre verleiht dem Parterre d'honneur ein würdevolles Aussehen: In der Achse der großen Allee, die leicht schräg auf die Schloßfassade zuführt, placiert er ein großes Bassin, das die Blicke auf sich ziehen soll. Auf jeder Seite fügt er zwei runde kleinere Bassins hinzu, die die großen viereckigen Rasenparterres einfassen. Diese Anlagen verliehen Saint-Germain die majestätische Erscheinung, die ihm bislang gefehlt hatte. Die von Le Nôtre konzipierten Gärten sind keine Kompositionen eines Architekten, der Baukörper anordnet, sondern sie drücken die Vision eines Gärtners aus, der Räume eröffnet. Diese sehr wichtige Stellung, die der Raum und die Vision einnehmen, veranlaßt Le Nôtre, sich

Oben: Die Terrasse von Saint-Germain, heutiger Zustand.
Mitte: Plan derselben Terrasse mit der Beschriftung Le Nôtres.
Unten: Ausschnitt aus dem „parterre neuf" von Saint-Germain.

wegen des Wiederaufbaus der großen Terrasse gegen Le Vau aufzulehnen; eine Auflehnung, die uns zeigt, wie wichtig für diesen Gärtner die praktische Anwendung der Perspektive bei der Komposition der Gartenarchitektur war. Diese Haltung erstaunt uns, wenn wir uns daran erinnern, daß Le Nôtre gegenüber seinen Mitarbeitern von sanftem und entgegenkommendem Charakter war. Nachdem die Mauer der Terrasse eingestürzt war, berief Colbert Le Vau und Le Nôtre ein, um ihren Rat einzuholen. Die Diskussion zwischen dem Gärtner auf der einen Seite und dem Architekten sowie dem Finanzminister auf der anderen war lebhaft. Schließlich errang Le Nôtre die Zustimmung seiner Gesprächspartner. Für diese Allee, die die Begrenzung der Terrasse bildet und die mehr als tausend Klafter mißt (ungefähr zweieinhalb Kilometer), schlägt Le Nôtre eine leichte Biegung vor, einen Winkel, der sie in Richtung Wald führen würde – im Gegensatz zu Le Vau, der die Allee geradlinig sah. Der Knick der Linie auf der Höhe des ersten Drittels der Terrasse würde die Allee und gleichzeitig das Laubwerk, das sie beschattet, sowie die schöne Mauer, die sie stützt, sichtbar machen; außerdem könnten die Spaziergänger von beiden Abschnitten der Allee aus einander sehen.

Um diese Inszenierung der Perspektive, die man auch Inszenierung des Sehens nennen könnte, zu vervollkommnen, entwirft Le Nôtre an der Grenze der Parterres und des Waldes und am Ausgangspunkt der Allee ein kreisförmiges, über die Stützmauer vorspringendes Belvedere. Das ist der beste Aussichtspunkt, und Le Nôtre schmückt ihn aus und bringt ihn so zur Geltung: über die Parterres der Gärten und die von Alleen durchschnittenen Wälder führt die angelegte Promenade, von der aus man die Landschaft von oben und die Hügel der Seine entlang betrachten kann. In Saint-Germain inszeniert Le Nôtre die Doppelfunktion des Gartens: einmal den Garten als Schmuck der Landschaft, zum anderen den Garten als Ort, von wo aus die Landschaft als Schmuck eben dieses Gartens betrachtet wird.

## TUILERIES / CHAMPS-ÉLYSÉES

Colbert hielt die Summen, die der König für Versailles verbrauchte, für zu hoch, und er riet ihm, den Pariser Palästen des Louvre und der Tuilerien die Größe und die Ausstattung zu verleihen, die ihnen als königlichen Wohnsitzen zustand. Die Geburt des Thronfolgers im Jahre 1662 war Anlaß eines glänzenden Festes; es bekräftigte auch die Versöhnung des Königs mit den Orten, die er als Kind unter der Fronde hatte verlassen müssen. Zahlreiche Wohnhäuser hatten zerstört werden müssen, damit auf den geräumten Plätzen das „Carrousel Royal" stattfinden konnte, das prachtvolle Schauspiel, das die Krönung der glorreichen Rückkehr des Königtums in die Tuilerien bildete; es bestätigt außerdem die populäre Bestimmung der Gärten, welche die Familie Le Nôtre angelegt hatte. Nachdem der Garten der Tuilerien fünfundzwanzig Jahre lang unterhalten und ver-

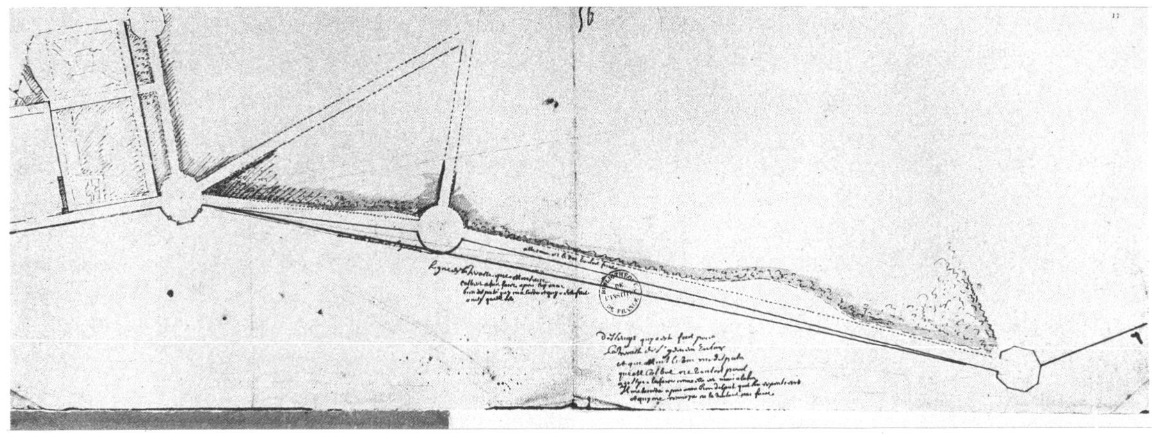

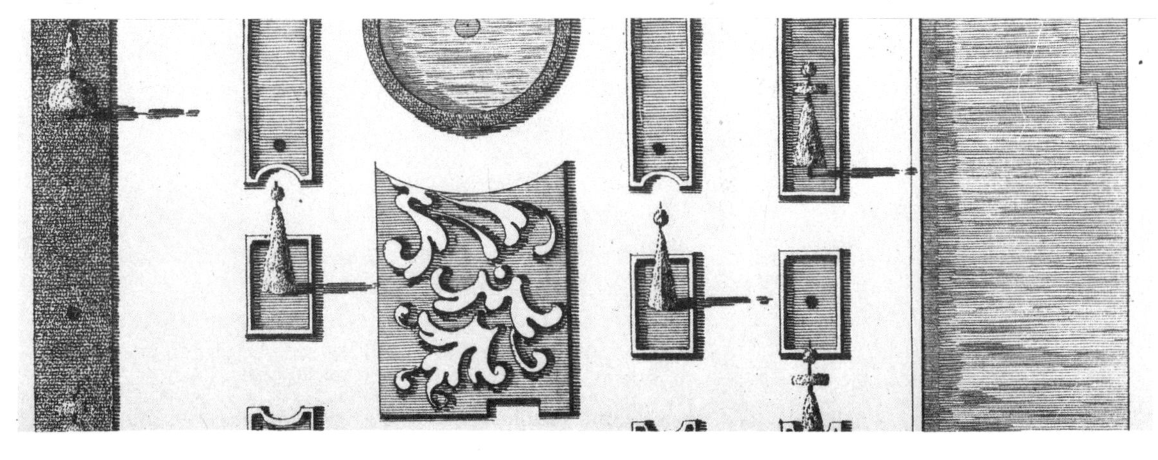

schönert worden war, mußte André Le Nôtre dessen Dimensionen und Anordnung noch einmal überdenken, um sie den Bauplänen Le Vaus und Orbays anzupassen. Diese waren 1664 von Colbert beauftragt worden, das Schloß der Tuilerien wiederaufzubauen und zu vergrößern. Der Plan sah eine Verlängerung der Fassade bis zum Pavillon de Pomone vor, symmetrisch zum bereits bestehenden Pavillon de Flore und mitten in das städtische Gebilde der Metropole hineingesetzt. Dieser Pavillon befand sich somit zwischen zwei Landgütern der Familie Le Nôtre, die die Grenze dieser neuen Anlage erkennbar machen und deshalb verschont bleiben. Le Nôtre hat nunmehr den Vorteil, direkt am Rande der Gärten, die er pflegt, vor dem Palast zu wohnen.

Vor der Fassade des Palastes, in den der König 1667 offiziell einziehen wird, befand sich eine Mauer; sie trennte die ersten Parterres des Gartens von der Terrasse, die an diesen Parterres entlangführte. Am westlichen Ende des Gartens gab es noch eine trapezförmige Bastion, die in den Graben gebaut war und von der Orangerie überragt wurde. Im Projekt der neuen Stadtplanung von Paris war die Konstruktion einer Stützmauer und eines Uferdammes (des sogenannten *Quai des Tuileries*) vorgesehen, um den Garten mit einer stabilen Grenze zu versehen und um die verschiedenen „Angelplätze" zum Verschwinden zu bringen, die „Motte de la Saumonière" beispielsweise, die damals noch gegenüber der „Grenouillère" von Saint-Germain-des-Prés existierte. Die Namen dieser Plätze vermitteln eine Vorstellung vom Zustand der Uferböschungen der Seine vor den Arbeiten von 1665, sie zeigen auch, wie eng die eigentlichen Verschönerungsarbeiten mit den notwendigen Arbeiten in der Metropole verbunden waren. Die Anlagen in der Umgebung der Tuilerien waren ebenfalls mit dem Ergebnis des Wettbewerbs für die Kolonnaden des Louvre und mit Le Vaus Plänen für das Stadtgebiet zu kombinieren. Es galt, den Palast im Zentrum unermeßlicher Perspektiven einzutragen, um so die zunehmende Macht Frankreichs und dessen König im Angesicht der Welt zu manifestieren. Dafür war Colbert seit 1661 als Finanzminister und als Protektor der Akademie verantwortlich. Als Bernini im Jahre 1666 seine Mitarbeit auf die neue Fassade des Louvres beschränkt, läßt Colbert erkennen, daß er viel mehr als nur den Bau eines Palastes im Sinn gehabt hat, im Gegenteil, ihm ging es darum, die Metropole des Königreichs mit Plätzen und Perspektiven auszustatten und nicht ihre Grenzen durch eine theatralische Architektur zu erweitern.

Mit der Neugestaltung der Tuileriengärten wird 1664 begonnen; sie dauert über elf Jahre und offenbart, daß die Ideen des Schöpfers der Gärten von Vaux und von Versailles sich weiterentwickelt und vervollkommnet haben. Den Auftakt der Arbeiten bildet der Abbruch eines Mäuerchens, das die ersten Parterres des Gartens von der Terrasse des Palastes trennt. Le Nôtre entwirft einige Treppenstufen in den Garten, über die ganze Länge der Schloßfassade, um damit einen Übergang zum neuen

Maßstab seiner Planung zu schaffen. Diese Treppen ermöglichen den Zugang zu den verschiedenen Alleen des Gartens und zu den beiden Terrassen, die ihn säumen. Um zu große Erdaufschüttungen zu vermeiden und den Garten auch von der Stadt aus zugänglich zu halten, beläßt Le Nôtre die ungleichen Höhen der *Allée du Bord de l'Eau* und der *Allée des Feuillants.* Um die Wirkung der Perspektive richtig einzusetzen, kommt Le Nôtre auf die Idee, die berühmte halbkreisförmige Echo-Mauer, die den Garten im Westen begrenzt, in der Mitte zu öffnen. Le Nôtre schafft an dieser Stelle einen weit offenen Ausblick in die Landschaft, die so als neues Dekor für den Gartenhintergrund wirkt. Auf beiden Seiten der Öffnung entwirft Le Nôtre – als wahrer Architekt – die zwei hufeisenförmigen Rampen, die in majestätischer Geste den Zugang zur Terrasse ermöglichen, von der aus man auf die Parterres des Gartens und gleichzeitig auf die Landschaft hinabsehen kann. Das pflanzliche und räumliche Dekor ersetzt die Mauer, die die Sicht beschränkte, und zeugt von Le Nôtres Kampf gegen die gängigen Ideen der Gärtner seiner Zeit, zu denen auch die Mollets, seine ehemaligen Lehrer, gehörten.

In der Anordnung und im Entwurf der Bassins und der Alleen, die sie umgeben, beweist Le Nôtre wiederum das Bahnbrechende seiner Konzeptionen und seine Meisterschaft in der Beherrschung der Perspektive. So ist das entfernte achteckige Bassin größer als das runde im Vordergrund und scheint deshalb weniger weit vom Palast entfernt zu sein. Die kreisförmigen Alleen, die die Bassins einfassen, sind von ungleichmäßiger Breite, so daß die Verzerrungen des perspektivischen Sehens die Bassins in die scheinbare Mitte der sie säumenden Sandflächen rücken. Descartes, dessen Regeln der *Dioptrique* Le Nôtre hier anwandte, wird um die Zusendung der Pläne des Gartens der Tuilerien bitten, um sie seinen königlichen Schülern zu zeigen.

Die Allee unterhalb der Tuileriengärten, die Maria von Medici 1615 auf dem rechten Seineufer hatte anlegen lassen, bildete einen Winkel mit der Achse der Tuilerien und erweiterte deren Perspektive. Der Gedanke an eine Allee, die den Garten bis zum Hügel von Chaillot verlängerte, war für Le Nôtre offensichtlich; er sah hier den Ansatz zur Form eines Gänsefußes, und Le Nôtre hatte die Gewohnheit, diese Form am Ende seiner Gärten vorzusehen.

Der König teilte Colbert und Le Nôtre seine Absicht mit, die brachliegenden Felder, die Paris im Westen umgaben, zu enteignen; die königliche Familie besaß dort schon einige Parzellen. Der König gibt in einem Erlaß, den er im August 1668 publiziert, seine Absichten bekannt. Er will die Zufahrten zur Hauptstadt verherrlichen: „Breite Prachtstraßen, an deren Ende Triumphbogen stehen, mögen den Stadteingang auf würdevolle Weise ankünden ... Hier soll man einen Stern sehen, auf dessen einer Seite die Straßen sich verzweigen, während sie auf der anderen Seite fächerförmig ausgehen." Wie schon in Versailles zeichnet Louis XIV. die

Oben: Plan des Gartens der Tuilerien, Stich Israël Sylvestres, 1671.
Unten: Ansicht und Perspektive des Schlosses der Tuilerien, Stich von Aveline.

Oben: Die Gärten des Bischofs in Castres.
Unten: Gesamtplan von Clagny.

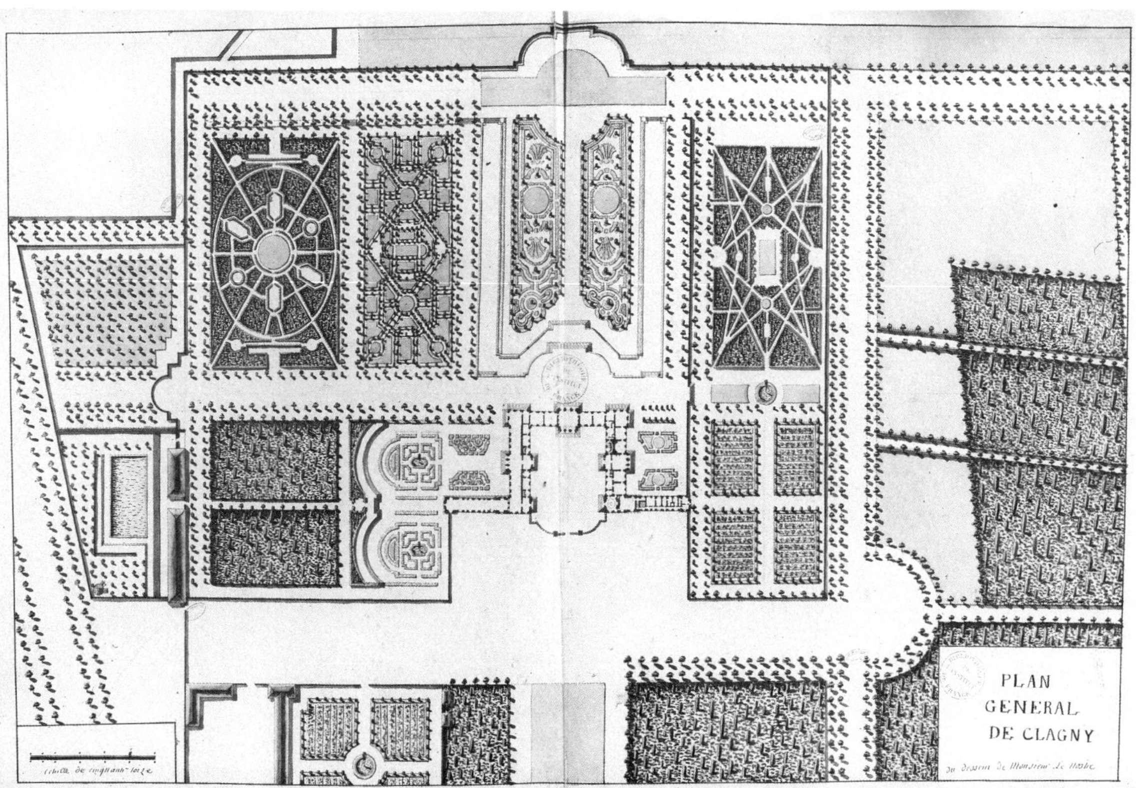

Chantilly.
Oben: Frontalansicht des Grand Degré („Große Stufe"); die Skulpturen von Hardy fassen die Mitteltreppe ein. Diese Anlage stammt aus dem Jahre 1683 und erinnert sehr an Vaux-le-Vicomte.
Unten: Die Kaskaden von Beauvais im Park von Chantilly.

Hauptlinien der Felder, die er mittelfristig zu parzellieren gedenkt, mit Hilfe von Perspektiven auf. „Sowohl für Louis XIV. als auch für seinen Gärtner bewirkte die Genauigkeit der Konzeption die Harmonie ihrer Werke", schreibt Pierre Devillers; die Öffnung auf die Landschaft war das Geschenk, das André Le Nôtre, der ja auch Maler war, anbieten konnte. Für diesen war der Raum, der dazu dient, durchschritten zu werden, gleichzeitig der Ort, der den Blick über die Grenzen der Anlagen hinausführt, ohne den ein Garten nur ein Garten wäre, und eine Stadt nur ein Straßengewirr.

Wie die Schreibweise belegt, waren *dessein* und *dessin* (die Zeichnung, der Plan) im 17. Jahrhundert noch nicht klar gegeneinander abgegrenzt. Bei der Diskussion um die Kolonnaden des Louvre wird Le Nôtres Rolle bei der Planung für die nähere Umgebung von Paris durch Colbert näher bestimmt, der wünschte, „man möge bei Monsieur Le Nôtre die Pläne bestellen, die überall weiterzuführen sind ... auch die Pläne für das Gebiet außerhalb mit den Straßen, die ... aus Paris hinaus nach Saint-Germain führen sollen." Es ging darum, durch die Öffnung neuer Wege die Perspektiven der Straßen für die Zukunft über die Grenzen der Stadt hinaus zu verlängern; Le Nôtre brachte die Definition des Raumes im Städtebau in die Diskussion ein, eine Definition, die eine Synthese bildete aus den modernen Wissenschaften und den künstlerischen Disziplinen, die zu erlernen er sich bemüht hatte. Die große Allee, die er im Jahre 1670 trassiert hatte, erhielt den Namen *Allée du Roule.* Sie führt auf die Kuppe des Hügels von Chaillot und endet in einem Stern mit acht Zacken, die von Baumreihen gesäumt sind. Auf die Hälfte der Strecke setzte Le Nôtre einen weiteren Stern, den er *Rond-Point* nannte. Zwischen dieser großen Allee, die 1789 zu den Champs-Elysées werden sollte, und dem *Petit Cours,* der auch *Cours-la Reine* heißt, legte Le Nôtre großflächige Kreuzpflanzungen an.

## CLAGNY

1665 kaufte Louis XIV. das Haus, in dem der Architekt Pierre Lescot gewohnt hatte und das in der Nähe des Schlosses von Versailles lag. Der König schenkte es Madame de Montespan und übertrug die Arbeiten Jules Hardouin-Mansart, der ihm von Le Nôtre schon 1672 empfohlen worden war. Die Arbeiten begannen 1674. Zum Schloß gehörte ein Hof, dessen Form durch den Grundriß der Gebäude bestimmt war und den ein schönes Gitter abschloß; der Entwurf nahm den Plan von Versailles wieder auf, aber auf einer bescheideneren Ebene. Auf dem Lageplan, den Le Nôtre und der Architekt gemeinsam erarbeitet haben sollen, ist die Anlage der Gärten sowie der Entwurf der Zufahrtsallee zu sehen, in deren Mitte ein großer *tapis vert* entstehen soll. Das kleine Schloß steht auf einer Hauptterrasse; sie liegt um einige Stufen höher als die beiden *Parterres de broderies,* wichtigster Schmuck beidseitig der mittleren Allee. Auf beiden Seiten davon befinden sich die Boskette. Ihr Laubwerk ist durch die zahlrei-

Oben: Gesamtansicht von Chantilly, Stich von Pérelle.
Unten: Chantilly, Luftbild.
Folgende Doppelseite: Die Magie des Wassers, selbst wenn es unbewegt ist, in Chantilly (oben) und in Saint-Cloud (unten).

chen schattigen Alleen, die zu den Gartenkabinetten führen, rhythmisch gegliedert. *Le Mercure* rühmt die Pflanzungen, kaum daß sie angelegt sind. Madame de Sévigné, die sich sonst Le Nôtre gegenüber kritisch äußert, stimmt hier mit der allgemeinen Meinung überein. Sie bezieht sich auf die mythologische Beschreibung der antiken Gärten, wie sie La Fontaine in *le Songe de Psyché* schildert, und beschreibt die Einzigartigkeit dieses Familien-Gartens, in dem man, trotz der klassischen Anlage der Parterres, die Elemente wiederfand, die die Anmut der französischen Gärten der Vergangenheit ausmachten: grüne Säulengänge, Spaliere, Lauben und Kabinette.

„Es ist der Palast Armidas, die Gärten sind schön; Sie kennen Le Nôtres Art; er hat einen kleinen Wald stehen lassen, was sehr gut wirkt. Es gibt einen kleinen Wald von Orangenbäumen in großen Kisten; man geht da spazieren; es gibt Alleen, wo man im Schatten ist; und um die Kisten zu verbergen, sind auf beiden Seiten Hecken in Brusthöhe, alle verziert mit Nachthyazinthen, Rosen, Jasmin und Nelken; es ist wahrhaftig die schönste, verblüffendste Neuigkeit, die man sich vorstellen kann."

Le Nôtres Genie, das wir in den großen Werken erkannt haben, stellt sich hier auf den verkleinerten Maßstab der Anlage ein. Clagny ist ein Beweis für die Sensibilität des Gärtners der weiten Perspektiven.

## CHANTILLY

Le Nôtre macht aus Chantilly einen herrlichen Landsitz der Spiegel und Parterres, der Kanäle und Boskette. Die Gärten sind von der *Terrasse du Connétable* aus angeordnet und nicht auf das Schloß ausgerichtet, dessen unregelmäßige Form und mittelalterliches Aussehen nicht mit der Komposition des Gartens harmonisieren konnten. Das Schloß beherrscht die Gärten nicht, es ist wie eines seiner Elemente, das einen Teil des Raumes einnimmt. In Chantilly gibt Le Nôtre der räumlichen Ordnung und nicht den architektonischen Maßen den Vorrang. Le Nôtres Eingriffe in Chantilly verteilen sich auf ungefähr fünfzehn Jahre: Sie beginnen im Jahre 1663, als er erstmals vom Grand Condé berufen wird, und enden mit dessen Tod, nachdem die Gärten vollständig gemäß dem ursprünglichen Plan realisiert sind. Le Nôtre wird mit der Leitung der Arbeiten betraut; seit 1663 läßt er sich von seinem Neffen Desgots helfen. La Quintinie wirkt ab 1665 als Baumgärtner mit. Der Architekt Gitard, der 1683 die großen Stufen nach Le Nôtres Plänen realisieren wird, beteiligt sich ab 1679; desgleichen Manse, der in Chantilly die Maschine für die Wasserspiele installiert.

Als erste werden die Parterres vor der Orangerie geplant, die Mansart erst ab 1682 bauen wird. Es ist ein sehr ausgedehntes *Parterre en broderies,* das man vom Schloß aus bewundern kann, es liegt jenseits der Wassergräben, deren Wasser ein Element der Gartenplanung ist. Das Parterre de l'Orangerie erhält fünf Bassins mit Fontänen, quer durch die Beete führt eine oktogonale Allee, die auf das kreisförmige Bassin in der Mitte bezo-

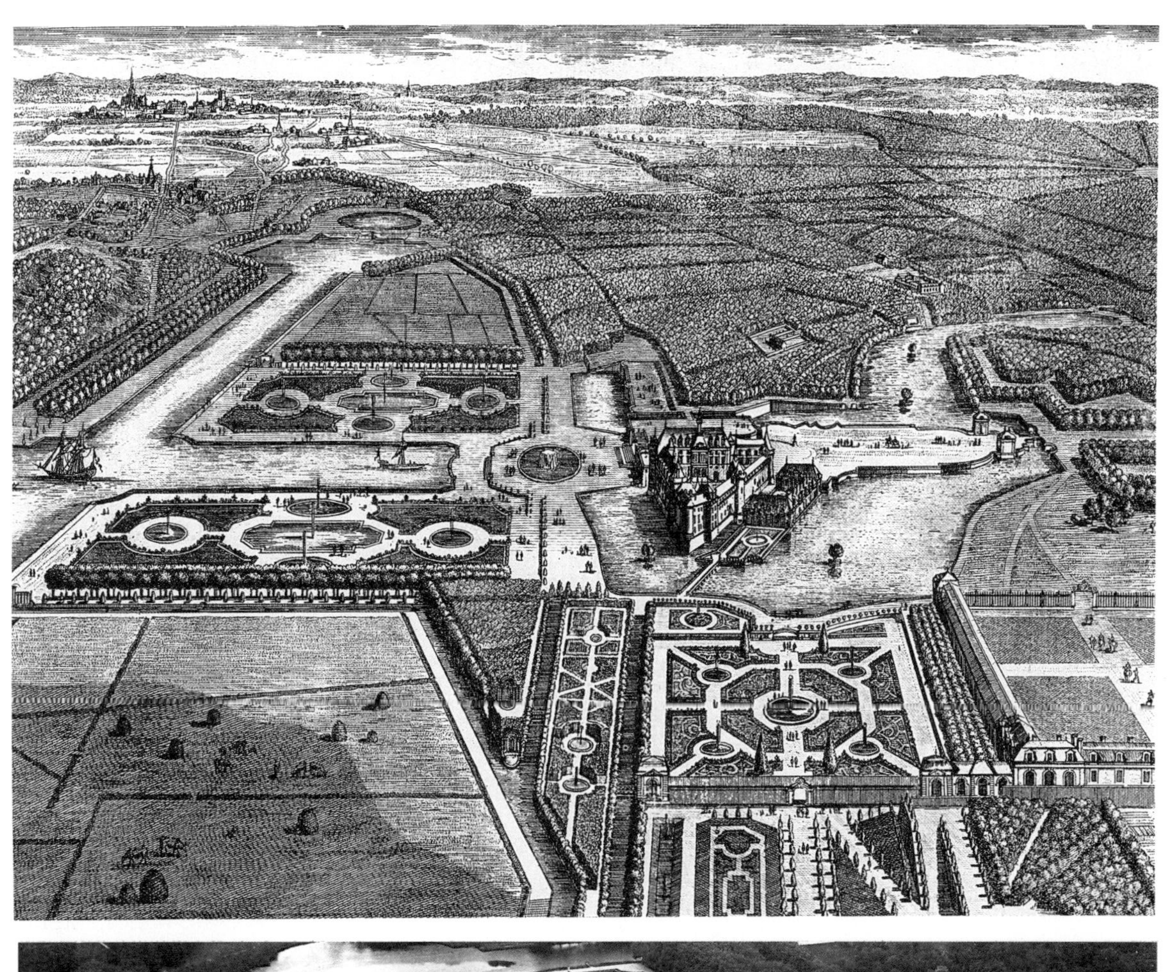

Chantilly.
Oben: Der Jardin de Sylvie, Teilansicht.
Unten links: Entwurf Le Nôtres für die große Kaskade.
Unten rechts: Plan des Parterres des Jardin de Sylvie und Ausschnitt aus einem Stich von Pérelle, der dasselbe Parterre mit seinen Laubengängen aus Treillagegitter darstellt.

gen ist. Jenseits der Orangerie legt Le Nôtre Gärten an, die sich nach Westen ausbreiten und an deren Ende eine terrassenförmige Kaskade das Blickfeld abschließt. Das Ensemble dieser fünf Bassins, die die Parterres auf beiden Seiten des breiten *Canal de la Manche* schmücken, ist jeweils identisch – in der Mitte ein längliches Bassin, das von vier runden Wasserbecken umgeben ist. Sie werden von schattigen Alleen längs der seitlichen Kanäle eingefaßt. Die Parterres sehen aus wie ausgeschnittene Rasenplatten, die auf der Wasseroberfläche schwimmen. Die Wasserfläche ist in Chantilly proportional größer als in allen anderen Gärten, die Le Nôtre konzipiert hat.

Le Nôtre macht sich die Terrasse du Connétable zunutze, um einen doppelten Inszenierungseffekt herbeizuführen: Die Gärten bleiben beim Eintritt ins Schloß zunächst versteckt und erzeugen einen Überraschungseffekt, wenn der Besucher sie ganz plötzlich von der Terrasse aus entdeckt; gleichzeitig hat er von diesem hochgelegenen Punkt die bestmögliche Sicht, um die Wasserspiegel und den Grand Canal zu bewundern.

Die Kanaleinfahrt, wo sich eine Flotille befand, ist bemerkenswert, sagte Dezallier, „sowohl wegen ihrer Größe als auch wegen der Alleen, die sie säumen". Le Nôtre hat Chantilly der Schönheit des Wassers geweiht. Er schreibt dem Fürsten von Condé im Jahre 1682: „Ich richte weiterhin meine Gedanken darauf, wie Ihre Parterres, Brunnen, Kaskaden, Ihr großer Garten von Chantilly, verschönert werden können." 1698, zwei Jahre vor seinem Tod, bestätigt er in einer Korrespondenz mit dem Grafen von Portland seine Vorliebe für Chantilly: „Erinnern Sie sich an die schönen Gärten Frankreichs: Versailles, Fontainebleau, Vaux und vor allem Chantilly[1]."

[1] Dieser Brief aus dem Jahre 1698 „to the Earl of Portland" wird in Jules Guiffreys Buch *Le Nôtre* (1913) ungekürzt und mit der ungewöhnlichen Orthographie des Gärtners zitiert.

## FONTAINEBLEAU

Der Garten, der von François Ier angelegt und von Henri IV. umgestaltet worden ist – er ließ den großen Kanal ausheben und die Parterres neu entwerfen –, erlebte unter der Herrschaft von Louis XIV. bedeutende Veränderungen. Von 1660 an drängt der König Francine wegen der Springbrunnen, besonders wegen jenem an der Kanaleinfahrt. Le Nôtres Anwesenheit im Jahre 1661, dem Jahr, als die Gärten von Vaux fertiggestellt wurden, ist bescheinigt durch die Dokumente, die er unterschrieben hat und die die Maurerarbeiten betreffen, außerdem durch Verträge für den Kauf von Pflanzen und Blumen. Die neuen *Parterres du Tibre* stammen aus dem Jahre 1664. Ihre Lage ist erstaunlich; er hat sie in Übereinstimmung mit Le Vau, der am Schloß arbeitete, festgelegt: Die Gärten richten sich nach dem Grand Canal und nicht nach den Gebäuden, die nicht parallel zum Kanal stehen. Damit wird der Einheit des Gartenplans und seiner Unabhängigkeit von der Architektur der Vorrang eingeräumt. Nach dem neuen Plan der Parterres befinden sich die Dienstgebäude vor einem äußerst großzügigen Platz, und die zeitgenössischen Stiche stellen die Parterres ohne eine einzige kegelförmige Zypresse dar. Der König läßt seine Initia-

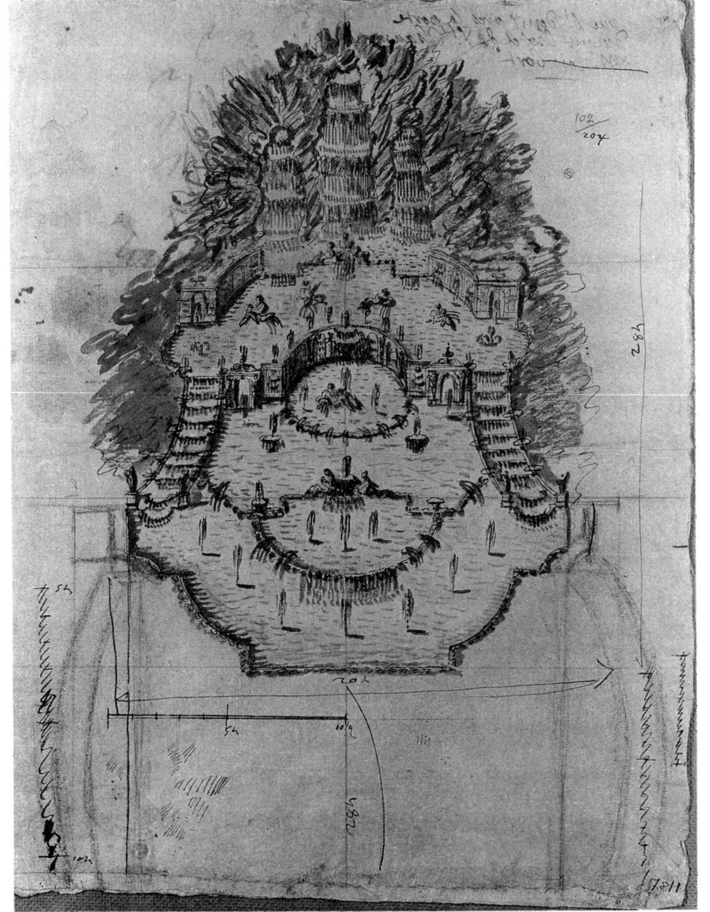

Fontainebleau.
Oben: Heutiger Zustand.
Unten: Stich von Pérelle, der das Parterre du Tibre darstellt – eines der ausgedehntesten Parterres, die Le Nôtre je schuf.

len, verschlungen mit denen seiner jungen Gemahlin, einzeichnen und widmet ihr auf diese Weise den Garten. Die Architektur des Brunnens ist äußerst sparsam, damit die Kaskaden besser zur Geltung kommen; er heißt *Pot Bouillant* oder *le Champignon.* Die leicht versetzte Anordnung der Parterres zwingt Le Nôtre, die Unregelmäßigkeit der Spazierwege, die die Parterres mit Reihen von „tafelförmig" geschnittenen Bäumen einfassen, zu verstecken; seinen Vorstellungen entsprechend erhöht er sie um einige Stufen, damit die Broderien besser betrachtet werden können.

In Zusammenarbeit mit Le Vau konzipiert Le Nôtre die Gestaltung des Rondeaus: Er entwirft ein großes kreisförmiges Bassin, das er auf der Hälfte seines Umfangs mit drei rechteckigen Wasserfeldern umgibt: Es ist der Seitenkanal von Bréau, der die Farbe des Himmels mit dem Grün der Rasenflächen mischt und dem Le Nôtre seine Geometrie aufzwingt.

Die Ausschmückung der unmittelbaren Umgebung des Grand Canal erfolgt erst im Jahre 1684. Am nördlichen Ufer, wo der Spaziergänger die Sonne und ihre Spiegelungen im Kanal am besten genießen kann, pflanzt Le Nôtre ein langes Rasenstück, in dem er eine Reihe Bassins von verschiedener Form und Größe anordnet. Das weniger begangene südliche Ufer wird mit einem kleineren und schmucklosen Tapis vert bestückt; er befindet sich vor einem langen Boskett, das von diagonal verlaufenden Alleen durchschnitten wird. Die Anlagen des Gartens werden im Jahre 1713 kurz vor dem Tod des Königs durch den Herzog von Antin vollendet, der den schönen Stern und die Alleen mit mehreren Baumreihen rund um das *Bassin des Pins* ausführen läßt, „indem er sich den Grundsätzen des berühmten Le Nôtre anschließt", dem er auf diese Weise eine Huldigung erweist.

## MEUDON

Sechs Jahre, nachdem er Colbert in seinem Amt als Finanzminister abgelöst hat, kauft Louvois 1679 das Landgut von Meudon, wo Le Primatice die berühmte ländliche Grotte geschaffen hatte. In diesen Gärten über dem Tale der Seine verwirklicht Le Nôtre eine Reihe von Anlagen, und seiner Gewohnheit entsprechend befleißigt er sich, die Gärten als ganze neu aufzuteilen: in Bassins, Parterres, Boskette, die das Muster der Broderien vereinfachen und die Perspektiven akzentuieren.

Le Nôtre beginnt mit dem *Parterre de la Grotte,* und er entwirft anstelle der vier Broderienstücke, die durch die kreuzförmigen Alleen mit einem Bassin in der Mitte auf klassische Weise abgeteilt sind, eine einzige Broderie; dafür versetzt er die Alleen an den Rand zurück. Die Grotte befindet sich nun vor einem dekorativen Ort: In die Mitte der Broderie wird ein rechteckiges Bassin mit Ecksteinen placiert. Die Winkel des Gartens sind durch den Brunnenrand der vier Bassins eingefaßt, die Le Nôtre in die vier Ecken des Parterres setzt.

Im gleichen Streben nach Vereinfachung und Klarheit ersetzt Le Nôtre die viereckigen Parterres vor dem Schloß durch Rasenstücke, die sich auf

E
F
D
C
B
A
ontaine du Tybre
rterre du Tybre
bouïllant
Veuë du grand Parterre du Tybre et du derriere du Chasteau de Fontaine-bleau
A PARIS Chez N. Langlois, ruë S.t Iacques à la Victoire auec priuilege.
D. la Salle du Bal
E. la Cour des Cuisines
F. l'hôtel d'Albret

Oben: Meudon, Gesamtplan der Gärten nach Mariette.
Unten: Meudon, die mit Blumen eingefaßten Vierecke.

beiden Seiten der mittleren Allee entlangziehen. Der Blick wird so durch die Linien der Parterres in Richtung der großen *Allée de l'Hexagone* gelenkt, deren Oberfläche Le Nôtre mit einem Tapis vert bedeckt. Die sandbestreuten Alleen werden seitlich verschoben, damit der Rasen mit den Bassins besser zur Geltung kommt.

In den Gärten von Meudon hat Le Nôtre den Akzent auf die Rasenstücke gesetzt, die im unteren Teil des Gartens zu finden sind, wo er – jenseits des *Bassin Ovale,* das die Laubornamentik spiegelt – ein großflächiges Kräuterparterre entwirft. Die Gärten werden später von Mansart leicht verändert, dann auf Geheiß des Königs restauriert; er kauft das Grundstück nach Louvois' Tod im Jahre 1695 zurück und schenkt es seinem Sohn, dem Grand Dauphin. Wie er es schon für Versailles getan hatte, verfaßte Louis XIV. eine kleine Schrift („Manière de montrer les jardins de Meudon") und bezeugte so sein Interesse an diesem Garten von Le Nôtre[1].

[1] Laut Mehmed Effendi stellen die Gärten von Meudon jene von Saint-Cloud in den Schatten: „Ich möchte nur bemerken, daß er von einem höhergelegenen Ort aus ganz Paris überblickt und daß er die bezauberndste Residenz der Welt ist. Nach dem Diner fuhr ich mit einer Karosse des Königs, die eigens für die Spazierfahrten im Garten angefertigt worden war, hinauf; der Garten ließ mich schon bald die wunderbare Ordnung, die ich in Saint-Cloud vorgefunden hatte, vergessen, sowohl in der Anlage der Bäume als auch in den Alleen und in den Mauern aus Laubwerk."

## SAINT-CLOUD

Ab 1658 erwarb der Herzog von Orléans einige Güter rund um das Lustschloß, wo die Familie Gondi schon einige schöne Gärten angelegt hatte, und er schloß eine Wette ab über die Fähigkeit Le Nôtres, zu dessen ersten Auftraggebern er zählte. Die Erfolge von Vaux und Versailles veranlaßten ihn, die Gestaltung dieses Landgutes in hügeligem Gelände einem Gärtner anzuvertrauen, der das unebene Terrain beherrschen und Perspektiven anlegen könnte, die auf die Landschaft abgestimmt sind und ihre Wirkung verstärken würden.

Saint-Cloud ist der erste von drei Gärten, den Le Nôtre auf dem linken Seineufer anlegt. Dort, in sehr abschüssiger Lage, müssen in einem einzigen Zug Parterres vor den Gebäuden angelegt werden, die auf dem Plateau liegen, sowie Boskette entlang einer Allee, die zu einem Aussichtspunkt führt, und schließlich Terrassen, die Le Nôtre mit Parterres, mit Kaskaden und Bassins schmückt.[2]

Die Entscheidung für die Elemente des Gartens ist schnell getroffen: Sie wird von der heiklen Topographie des Geländes bestimmt, aber es gelingt Le Nôtre, die Geometrie seiner Entwürfe in die bereits bestehenden Anlagen von Girard und Lepautre einzufügen. Girard hatte vor dem Hauptgebäude des Schlosses, das er von 1658 an gebaut hatte, einen vollständigen Garten im klassischen Stil des Jahrhunderts geschaffen. Kühn entwirft Le Nôtre einen neuen Plan: Er verändert absichtlich die Abmessungen der Parterres und verlängert ihre Perspektiven durch ein eigenwilliges Netz von Linien, die er in die Boskette zieht; so verleiht Le Nôtre dem Landgut des stolzen Bruders des Königs das Majestätische, das von ihm erwartet wird.

[2] „Obwohl die Gärten völlig unregelmäßig sind, nicht nur wegen des Geländes, sondern auch wegen ihrer Gestalt und ihrer Umgrenzung, hat Le Nôtre alle diese Dinge so kunstvoll angeordnet, daß alles regelmäßig erscheint und daß er damit ein Meisterwerk geschaffen hat", schreibt Piganiol de la Force in seiner *Description de Paris* (1742, Band VIII).

Le Nôtre gestaltet den Gesamtplan des Gartens neu um drei Achsen, die er vor den Fassaden des Schlosses zusammenführt und die wegen der außerordentlichen Beschaffenheit des Terrains nicht symmetrisch liegen

Les Cloitres voy Plan Genera


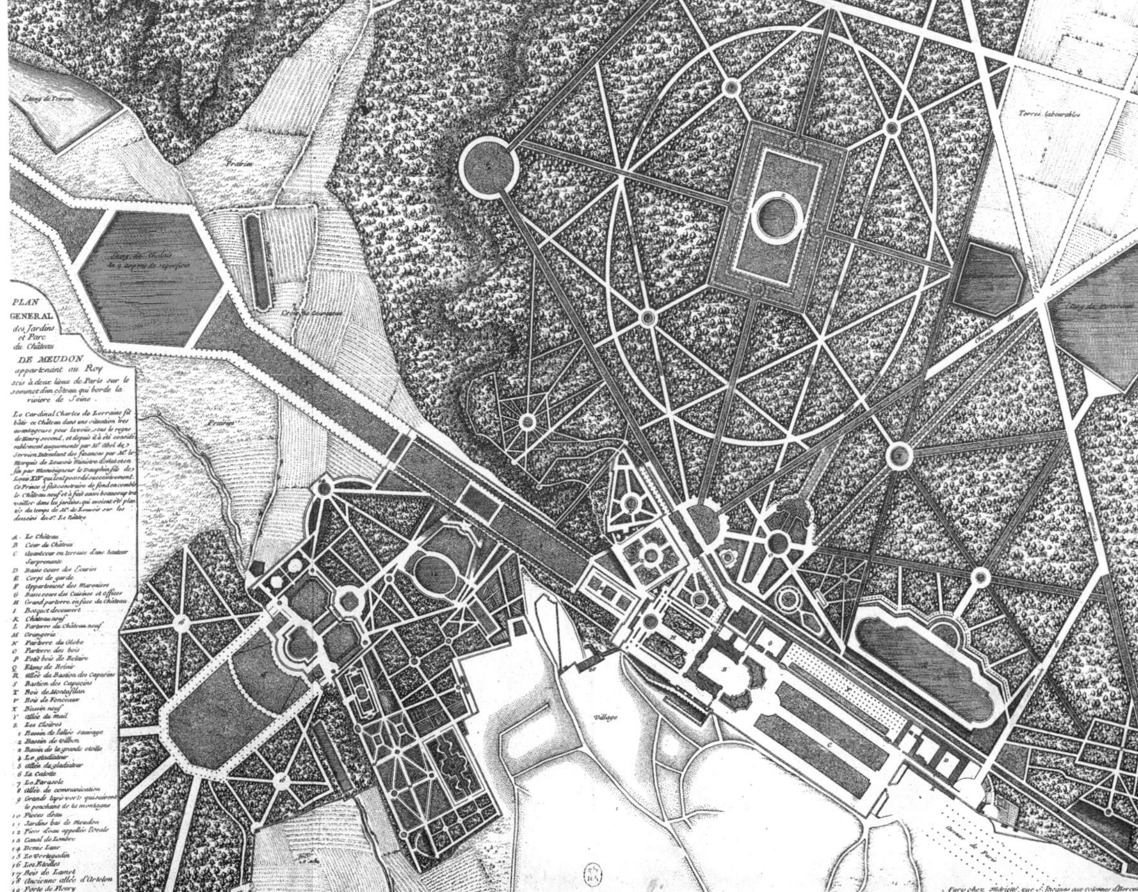

PLAN
GENERAL
des Jardins
et Parc
du Château
DE MEUDON
appartenant au Roy
scis à deux lieux de Paris sur le
sommet d'un côteau qui borde la
riviere de Seine.
Le Cardinal Charles de Lorraine fit bâtir ce Château dans une situation tres avantageuse pour la veüe, sous le regne de Henry second, et depuis il à été considerablement augmenté par Mr. Abel de Servien Intendant des finances par Mr. le Marquis de Louvois Ministre d'estat et en fin par Monseigneur le Dauphin fils de Louis XIV qui l'ont possedé successivement. Ce Prince à fait construire de fond en comble le Château neuf et à fait aussi beaucoup travailler dans les jardins, qui avoient été plantés du temps de Mr. de Louvois sur les desseins du Sr. Le Nautre
A. Le Château
B Cour du Château
C Avantcour en terrasse d'une hauteur Surprenante
D Basse cours des Ecuries
E Corps de garde
F Appartement des Maroniers
G Basse cours des Cuisines et offices
H Grand parterre en face du Château
I Bosquet decouvert
K Château neuf
L Parterre du Château neuf
M Orangerie
N Parterre du Globe
O Parterre des bois
P Petit bois de Belaire
Q Etang de Belair
R Allée du Bastion des Capucins
S Bastion des Capucins
T Bois de Montafilan
V Bois de Fonceaux
X Bassin neuf
Y Allée du mail
Z Les Cloitres
1 Bassin de l'allée sauvage
2 Bassin de Vilbon
3 Bassin de la grande etoille
4 Le gladiateur
5 Allée du gladiateur
6 La Calotte
7 Le Parasole
8 Allée de communication
9 Grands tapis verts qui suivent le penchant de la montagne
10 Pieces d'eau
11 Jardins bas de Meudon
12 Piece d'eau appellée l'Ovale
13 Canal de Lombre
14 Demie Lune
15 Le Vertugadin
16 Les Etoilles
17 Bois de Lamet
18 Ancienne allée d'Artelon
19 Porte de Fleury
20 Serre pour les Orangers
Terres labourables
Village
Paris chez Mariette, rue S. Jacques aux colonnes d'Hercules

Oben: Ansicht des Parks von Meudon in seinem heutigen Zustand, der sogar in seiner Bescheidenheit den systematischen Charakter von Le Nôtres Lösungen deutlich erkennen läßt.
Unten: Ansicht des Parterre de la grotte des Schlosses von Meudon, Stich Israël Sylvestres.

können. Das Liniennetz der Boskette ist die großartigste Anlage; er läßt sie von langen geradlinigen Alleen mit einigen breiten Diagonalen ausgehen, die in die *Patte d'oie* (Gänsefuß) der *Allée du Belvedere,* der Hauptachse des Gartens, einmünden. Wenn die Spaziergänger die *Allée Royale* hinuntergehen, mit Blick auf das Panorama, oder wenn sie die verschiedenen Achsen durchschreiten, die von ihren Reiseführern empfohlen werden, sehen sie die lichtdurchfluteten Terrassen, die sich von ihrem Standort bis zum Seineufer erstrecken, im Kontrast dazu stehen sie selbst im Halbschatten der Laubengänge aus Blattwerk.

Die Große Kaskade[1] wird im Jahre 1667 wiederaufgebaut, und der König kommt zu Beginn des Sommers, um sie zu bewundern. Sie wird üblicherweise Lepautre, dem der Bau der beiden Flügel des Schlosses anvertraut war, zugeschrieben. Erst neulich sind aber in schwedischen Sammlungen zahlreiche Zeichnungen entdeckt worden, darunter die der raffinierten Kaskade von Saint-Cloud und die der *Pièce des Nymphes,* die den Vermerk „Entwurf von M. Le Nautre" tragen; seither kann man annehmen, daß auch hier die Komposition der zweiten großen Achse des Gartens dank der Zusammenarbeit der beiden Künstler so gut gelungen ist. Die dritte von Le Nôtre geschaffene Perspektive geht vom Schloß aus und steigt in westlicher Richtung an. Die vierundzwanzig Springbrunnen der Esplanade, die beidseitig der Achse verteilt sind, sollen von den Strahlen der untergehenden Sonne beschienen werden; jenseits der Rasenparterres heben sie sich ab von dem Tapis vert am Abhang zwischen den beiden Wassergraben der runden Bassins, die das Zentrum von zwei sternförmigen Bosketten schmücken. Saint-Cloud, dessen klare Pläne und subtile Ornamente von Le Nôtres Talent erzählen, legt zugleich Zeugnis ab vom Geist der Zusammenarbeit, der durch die Bescheidenheit des großen Gärtners möglich war. Seine Großzügigkeit trug dazu bei, daß seine Mitarbeiter, denen er eine Chance zu geben verstand, ihre Persönlichkeit entfalten konnten: Desgots beispielsweise wird hier mit der Anlage der kleinen Insel betraut, die sich im grauen Wasser der Seine befindet und die natürliche Grenze des Gartens bildet.

[1] Über die Kaskade von Saint-Cloud gibt es ein Zeugnis, das im berühmten Bericht von Chantelou protokolliert ist; es zeigt, wie groß das gegenseitige Unverständnis und die Feindseligkeit war, die zwischen Bernini und Frankreich herrschen konnten: „Nach dem Diner gingen wir nach Saint-Cloud, wo der Cavalier, Herr Bernini, die Figur einer natürlichen Kaskade zeichnete, die man dem großen Springbrunnen gegenüber, wo die Balustrade ist, zur Ausführung bringen könnte. Er benötigte etwa eine Stunde für seine Zeichnung, danach zeigte er sie mir, gab sie mir, damit ich sie verstehe, dann fügte er hinzu: «Ich bin sicher, daß dies keinen Gefallen finden wird. Hier ist man sich an diese natürlichen Dinge nicht gewöhnt: man will zurechtgestutztere und kleinere Dinge, wie die Werke der Ordensleute sind.» Abbé Butti fragte ihn, ob er die Kaskade da gesehen habe: er sagte ja, sie sei eine von der Art, die er gemeint habe. Er sagte mir dazu: «Was ich gemacht habe, ist nur für Leute mit dem Geschmack für schöne und großartige Sachen. Ich zweifle nicht daran, daß man die andere schöner finden wird als meine, aber ich habe sie Ihnen zuliebe gemacht. Würde sie gut ausgeführt, könnte man die andere nicht mehr ansehen, glaube ich; jedenfalls gäbe es dann zwei von verschiedener Art, aber die Ausführung müßte gut sein, und deshalb müßte vorher ein Modell angefertigt werden»" (Paul Frérart de Chantelou, *Journal de voyage du Cavalier Bernin en France,* éditions Pandora, 1981, S. 239).

Linke Seite: Eigenhändige Zeichnung Le Nôtres für die Anlage von Saint-Cloud.
Rechte Seite oben: Ansicht und Perspektive von Saint-Cloud, Stich von Pérelle.
Unten: Die Kaskade von Saint-Cloud, heutiger Zustand.

B.R
Veüe et Perspectiue du Chasteau et de la Cascade de S.t Clou
N. Poilly ex. C.P.R.
A Perelle del. et Sc.

Oben: Der Kanal von Sceaux im Winter.
Unten: Gesamtplan von Sceaux nach Mariette.

## SCEAUX

Für das Landgut, das Colbert 1670 kauft, schlägt Le Nôtre eine Gestaltung in zwei Etappen vor. Die ersten Pläne zeigen die Gliederung der Parterres und die Lage des achteckigen Bassins parallel zur Schloßfassade. Das achteckige Bassin wird 1675 vollendet, aber erst nach dem Tod des Finanzministers kann Le Nôtre die Anlage der Gärten zusammen mit dessen Sohn und Erben, dem Marquis de Seignelay, zu Ende führen. Der Gesamtplan zeigt den Tapis vert der *Plaine des Quatre Saisons* in der Achse des Schlosses, die Boskette und den mit dem *Octogone* verbundenen großen Kanal und vermittelt den Eindruck einer geordneten und ausgewogenen Komposition, und nicht den eines Plans, der nach und nach entstanden ist. Die Planung in Etappen läßt auf die beschränkten Mittel der Familie Colbert schließen und auf ihren Wunsch, Fouquets Abenteuer von Vaux nicht zu wiederholen.

Die vollendeten Gärten nehmen eine große Fläche in Anspruch, und Le Nôtres Entwurf betont den Effekt der Weite noch. Dieses in einem ländlichen Bereich gelegene Gelände ist in südlicher und in östlicher Richtung abschüssig, und Le Nôtre schlägt hier die breitesten Alleen vor, die in seinen Gärten je zu sehen waren. Die Boskette nehmen einen beschränkten Raum ein zugunsten der Rasenflächen, die *plaines* genannt werden, so etwa die *Plaine de Chatenay* in der Mitte des Gartens, senkrecht zum *Grand Canal.* Die breiten Alleen des Parks (beispielsweise jene, die die Wasserspiegel einfassen) werden mit doppelten oder vierfachen Reihen von Pappeln aus Italien ausgestattet, wie sie schon Lemercier dem Finanzminister Ruzé auf seinen Plänen für die Ufer des Kanals von Chilly vorgeschlagen hatte.

Der Grand Canal, der die gesamte Breite des Gartens einnimmt, und das leicht längliche Octogone mit einem Durchmesser von mehr als 50 Metern bilden die großen ruhenden Wasserflächen, die von der fünfundzwanzig Meter hohen Fontäne und vor allem von den herrlichen Kaskaden, die nacheinander von der Schloßterrasse stürzen, belebt werden. Dieses Schauspiel können wir von oben entdecken, nachdem wir die *Allée du Tapis vert* durchschritten haben. Ihren Abschluß bildet ein rundes Bassin, das in der Achse liegt und eine schöne Fontäne aufschießen läßt. Monumentale Stufen, die zu einem zweiten runden Wasserbecken in der Achse führen, verlängern die Allee. Die Kaskaden als *Escalier d'Eau* quellen aus einer großen vertikalen Muschel hervor, die die Komposition überragt; dann stürzen sie Stufe für Stufe hinab, inmitten von Blumenvasen und zwei Tapis verts, die sie einfassen. Diese Anlagen wurden flankiert von sehr breiten, mit hellem Sand bedeckten Alleen, die auch das Octogone umgaben. Sie bildeten weitläufige Wege für Spaziergänge, die mit einer Schifffahrt beschlossen werden konnten.

Die Ausrichtung des großen Kanals nach Osten, der Name und die Verzierung des *Pavillon de l'Aurore* symbolisieren das Bild, das Colbert von seinem Werk hinterlassen wollte: das Bild der Morgenröte, die für die triumphierende Sonne, den König, den Weg bereitet und öffnet.

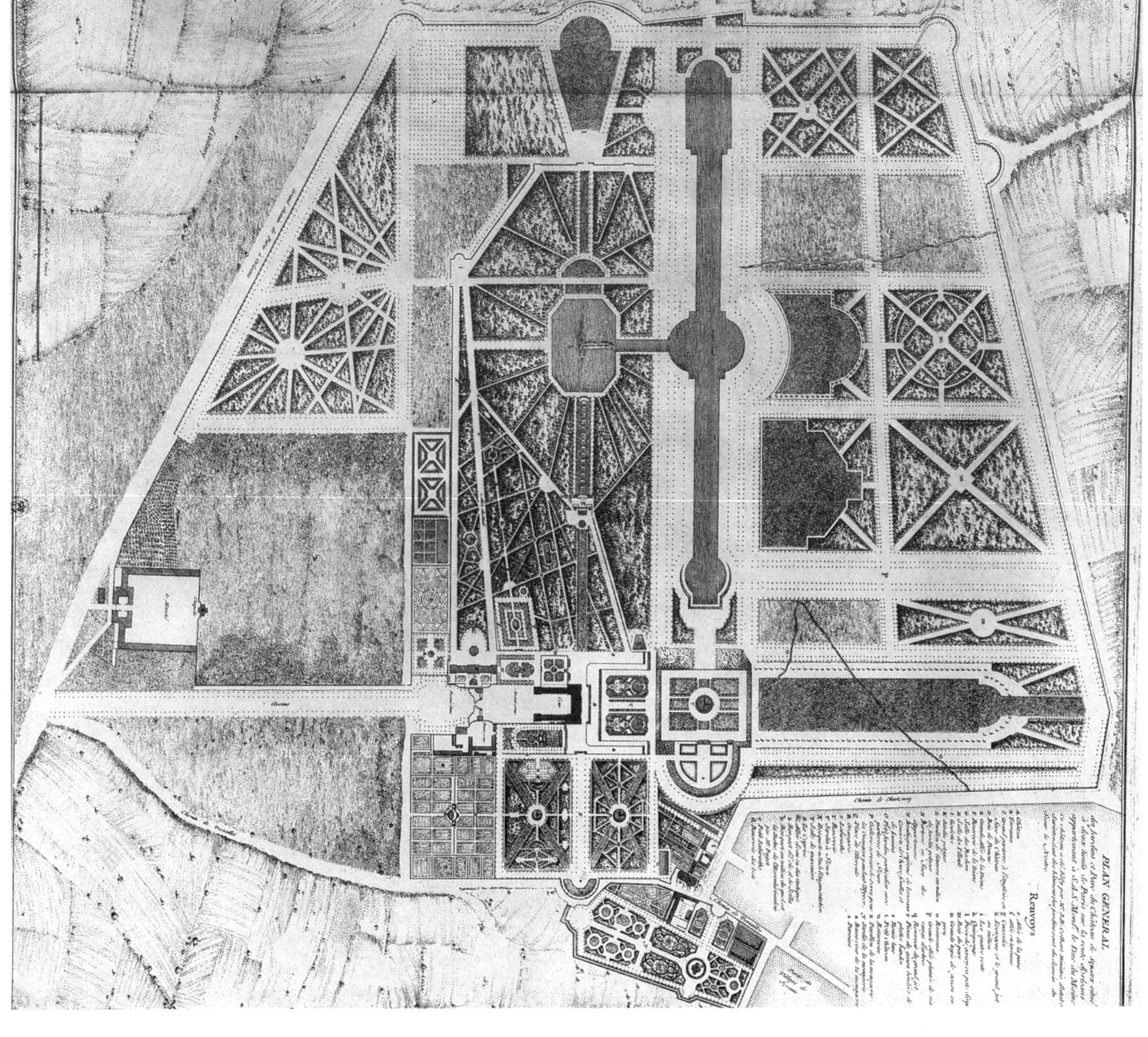
PLAN GENERAL
Renvoys

CHOISY

„Mein ganzes Leben lang wünschte ich mir ein Haus in der Nähe von Paris; ich war dauernd auf der Suche, und bei denen, die ich besichtigte, wenn sie auch noch so hübsch waren, fand ich immer etwas auszusetzen, sei es die Lage oder das Gebäude selbst; kurz, ich fand keines nach meinem Geschmack. Da wurde ich auf ein Haus hingewiesen, zwei Meilen von Paris entfernt, in einem Dorf mit Namen Choisy, oberhalb Villeneuve am Ufer der Seine. Schnell eilte ich hin; es entsprach meinem Wunsch, wenigstens die Lage, denn es war überhaupt kein Gebäude vorhanden. Ich kaufte es für vierzigtausend Francs; ich ließ Le Nôtre kommen, der sagte, daß alle Bäume abgeholzt werden müßten. Der Plan eines Hauses mit einem einzigen Geschoß wurde entworfen. Der Vorschlag, den spärlich vorhandenen Wald abzuholzen, mißfiel mir, ich liebe es, zu allen möglichen Tageszeiten spazierenzugehen. Le Nôtre sagte dem König, ich hätte die häßlichste Lage der Welt ausgesucht; man sehe den Fluß nur wie durch eine Luke.

Als ich wenige Tage später starrköpfig wegen meines Hauses an den Hof ging, fragte mich der König aus und bereitete mir damit eine große Freude. Nachdem er mich ausführlich hatte berichten lassen, sagte er mir, was Le Nôtre ihm erzählt hatte. Ich ließ ihn sitzen und mein Haus und meinen Garten nach meinem Geschmack einrichten."

So schildert Mademoiselle de Montpensier, die „Grande Mademoiselle", in *Mes Mémoires* ihr Verhältnis zu Le Nôtre. Zwar können die Gärten um ihr „Haus", das von dem jungen Gabriel gebaut wurde (Jacques IV. Gabriel), nicht zu den bedeutenden Werken Le Nôtres gezählt werden, obgleich er einverstanden – oder gezwungen – war, die Parterres anzulegen und vielleicht auch deren Anordnung zu bestimmen.

MARLY

Eigenhändig gezeichnete Pläne, die in den von Nicodemus Tessin in Stockholm angelegten Sammlungen aufbewahrt werden, und vor allem ein Entwurf für die „Rivière", bescheinigen sehr wohl, daß Le Nôtre an der Konzeption von Marly beteiligt gewesen ist; es bleibt jedoch offen, welche Rolle ihm genau zugeschrieben werden soll. Die eines Beraters und einer treibenden Kraft ist auf jeden Fall gewiß.

Marly entsteht ziemlich spät in der Herrschaftszeit, und es ist irgendwie – was die Funktion anbelangt, die sich der König erhoffte – ein Ersatz für das Trianon. Louis XIV. wünschte ein privates Paradies, das selbstverständlich mit allem Prunk, auf den er nicht verzichten konnte, versehen werden sollte; es sollte aber nur für einen sehr viel beschränkteren Kreis von Vertrauten und Privilegierten bestimmt sein als Versailles: also kein Zufluchtsort, aber doch eine Privatresidenz, in der die „grandeur" weniger wichtig war als Raffinesse und Abgeschiedenheit. Die Gärten von Marly erstrecken sich über ein eng begrenztes Gelände, das wie ein kleines Tal senkrecht zur Seine zwischen Versailles und Saint-Germain gelegen ist;

sie sind um ein Schloß angeordnet, das auf halber Höhe eines Hanges steht – dem *Palais Soleil* – und werden flankiert von insgesamt zwölf den Tierkreisen gewidmeten Pavillons, den „Marlys“[1]. Es ging nicht so sehr darum, weite Esplanaden als Spazierwege für viele Menschen zu schaffen, sondern im Gegenteil, es sollten die Bodenverhältnisse dazu genutzt werden, einen märchenhaften Rahmen mit Möglichkeiten des Rückzugs zu schaffen. In den Gärten von Marly, von denen nur wenig übriggeblieben ist, wurde großer Wert auf Boskette und Wasserspiele gelegt, besonders wichtig waren die Kaskaden. Von oben, wenn man auf geradem Weg durch den Wald auf das Schloß zuging, konnte man die lange Kaskade der „Rivière“ bewundern, die bereits 1728 zerstört und durch einen großen Rasenteppich ersetzt wurde. Anschließend, rund um das Schloß und unterhalb davon, waren verschiedene Räume aus grünem Laub und aus Bosketten zu finden, darunter die „grünen Kabinette“, wo die Raffinesse einer eher pflanzlichen Architektur – Lauben, Vasen und Säulengänge – etwas Italienisches an sich hatte; man glaubt, Le Nôtre habe sie von seiner Reise über die Alpen mitgebracht. Das große Parterre befand sich auf der Vorderseite des Schlosses und zwischen den von den Pavillons gebildeten Flügeln; seine wichtigste Verzierung bestand in einer Folge von abgestuften Wasserbecken, die auf ebensovielen Terrassen angelegt waren. Man könnte in diesen Gärten, die prächtig gewesen sein müssen (Diderot durchschritt sie 1759 voller Freude)[2] fast eine Variante zum klassischen Stil im eigentlichen Sinne sehen, wenn es hier nicht auch – jenseits eines Universums von Unterholz, das bereits auf Watteau und die Régence hinweist – eine strikte geometrische Gliederung gäbe, mit großen Achsen und ihren unerläßlichen Leitmotiven, wie die Regulierung der Plateaus und die Symmetrie der Anordnung.

Aber Marly ist auch die berühmte „Machine de Marly“, ein Meisterwerk der hydraulischen Kunst, das 1681 begonnen wurde und das verschiedenen Ingenieuren namentlich aus Lüttich, wie beispielsweise Arnold de Ville, zugeschrieben wird. Die Maschine war ursprünglich dazu bestimmt, Versailles zu versorgen, diente aber schon bald ausschließlich den Gärten von Marly. Von der „rivière de Seine“ aus wurde das Wasser mit Hilfe eines komplizierten Pump- und Rädersystems auf eine Höhe von 200 Metern geführt und dann über einen von 36 Arkaden gestützten Aquaedukt bis in die riesigen Reservoirs, die in die Hügel eingebaut waren, gelenkt. Auf spektakuläre Weise verweist die Maschine von Marly auf diese Verbindung von Technik und Kunst, die es bei jedem praktischen Verfahren des 17. Jahrhunderts gibt. Die Gärten, zusammen mit den Befestigungsanlagen, erbringen dafür den deutlichsten Beweis.

Neben diesen Gärten, die berühmt sind und mit Sicherheit Le Nôtre zugeschrieben werden können, müßten eine Anzahl anderer Erwähnung finden, von denen einige, etwa Guermantes, Le Raincy, Issy, Pontchartrain, Meaux oder Montjeu (in der Nähe von Autun) den bekanntesten Gärten

[1] „Hinter Luciennes fand er (Louis XIV.) ein enges, tiefes Tal mit schroffen Hängen, unzugänglich wegen seiner Sümpfe, auf allen Seiten von Hügeln eingeschlossen, sehr eingeengt und mit einem schäbigen Dorf, das Marly hieß, am Abhang eines seiner nächstgelegenen Hügel. Diese Einfriedung ohne Aussicht und ohne Möglichkeit dafür war sein ganzer Vorzug; die Enge des Tals, wo man sich nicht ausbreiten konnte, trug viel dazu bei. Es war eine große Arbeit, diese Senkgrube der ganzen Umgebung auszutrocknen und wieder Erde heranzuschaffen.“
So beschreibt Saint-Simon den glücklichen Fund der Anlage von Marly…

[2] „Wir ergingen uns in den Gärten, wo eines mich in Erstaunen setzte, nämlich der Kontrast zwischen der feinsinnigen Kunst in Laubengängen und Bosketten und der rohen Natur in einer dichten Gruppe von großen Bäumen, die die Gärten überragen und deren Hintergrund bilden. Diese abgesonderten Pavillons, die zur Hälfte in einem Wald versenkt sind, scheinen die Wohnsitze verschiedener subalterner Genies zu sein, deren Gebieter den Pavillon in der Mitte bewohnt. Deshalb sieht das Ganze nach Zauberwelt aus, was mir gefallen hat“ (Brief an Sophie Volland vom 10. Mai 1759).

Plan der „Rivière" von Marly und Gesamtansicht, gemalt von Martin im Jahre 1722; die zwölf „Marlys", die das große Parterre vor dem Schloß einfassen, sind gut zu erkennen.

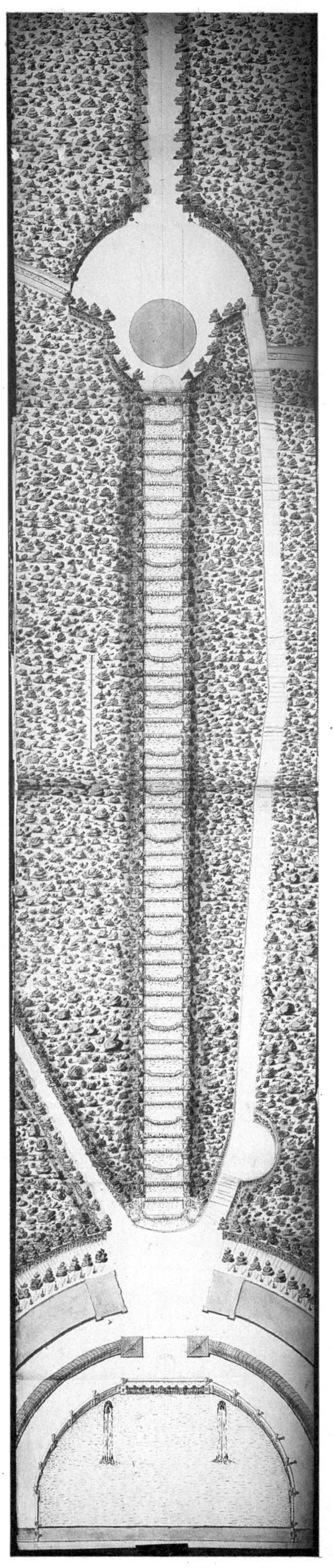

Links: Einige rudimentäre Vorläufer der „Machine de Marly“.
Rechts oben: Querschnitt der „Machine de Marly“.
Unten: Auf der Gesamtansicht ist zu erkennen, wie die Maschine in das Gelände eingefügt ist.
Folgende Doppelseite: Links ein erster Entwurf der „Rivière“ von Marly.

Der Plan von Le Nôtres Hand aus der Sammlung in Stockholm beweist, daß Le Nôtre an diesem Projekt mitwirkte.
Rechte Seite oben: Garten des Hôtel de Condé.
Unten links: Parterre des Jardin des Incurables.
Unten rechts: Parterre für Issy.

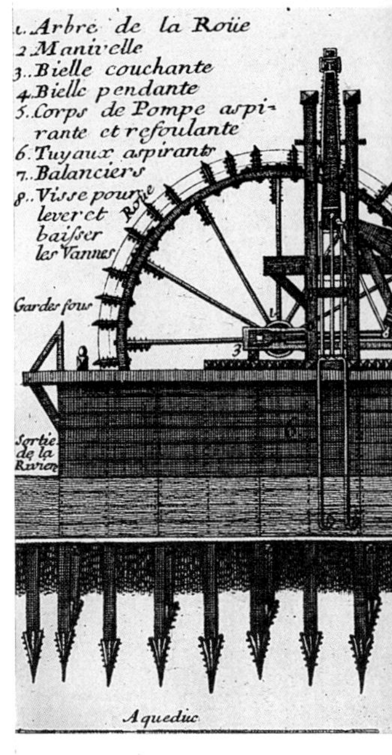

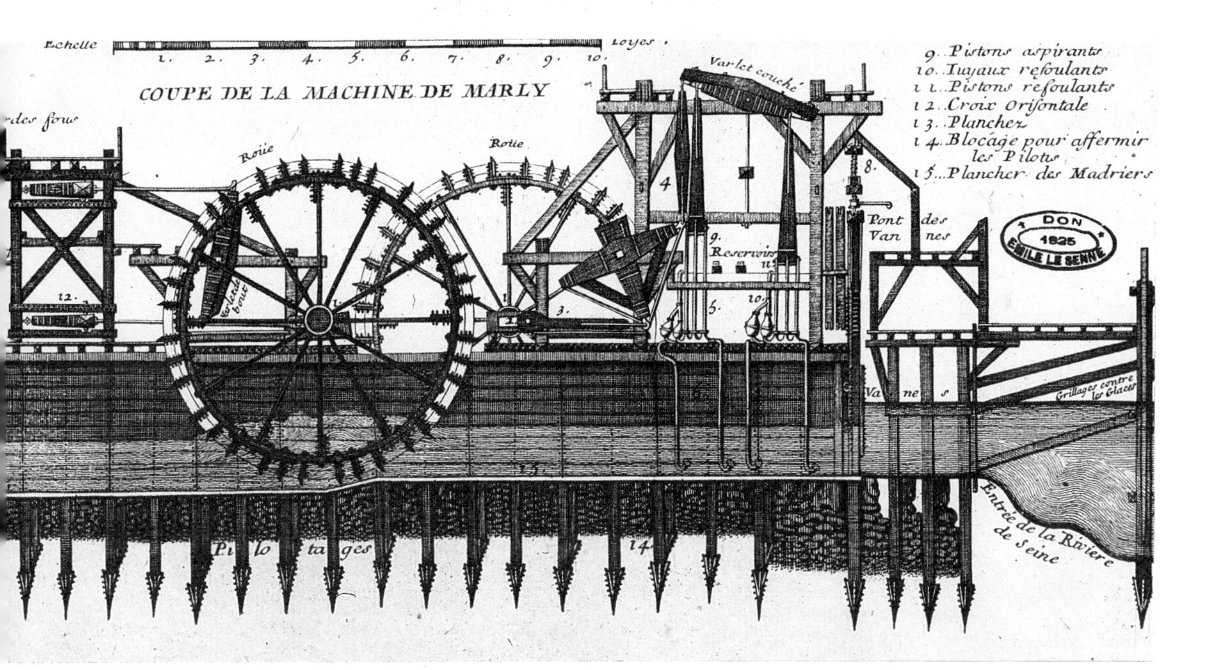
Echelle
1. 2. 3. 4. 5. 6. 7. 8. 9. 10.
Toyes
COUPE DE LA MACHINE DE MARLY
Varlet couché
Roüe
Rotte
Pont des Vannes
Reservoir
Vannes
Grillages contre les Glaces
Entrée de la Riviere de Seine
Pilotages
9..Pistons aspirants
10..Tuyaux refoulants
11..Pistons refoulants
12..Croix Orisontale
13..Planchez
14..Blocage pour affermir les Pilotis
15..Plancher des Madriers
DON 1825 EMILE LE SENNE

achine de Marly, Scituée sur un bras de la Riviere de Seine
on de Mr. de ville Gouverneur de la Machine, 4. l'aqueduc, 5. Château de St. Germain, 6. le Pecq. 7. le Pont
Aueline et se vendent a Paris sur le petit pont proche le petit Chastelet

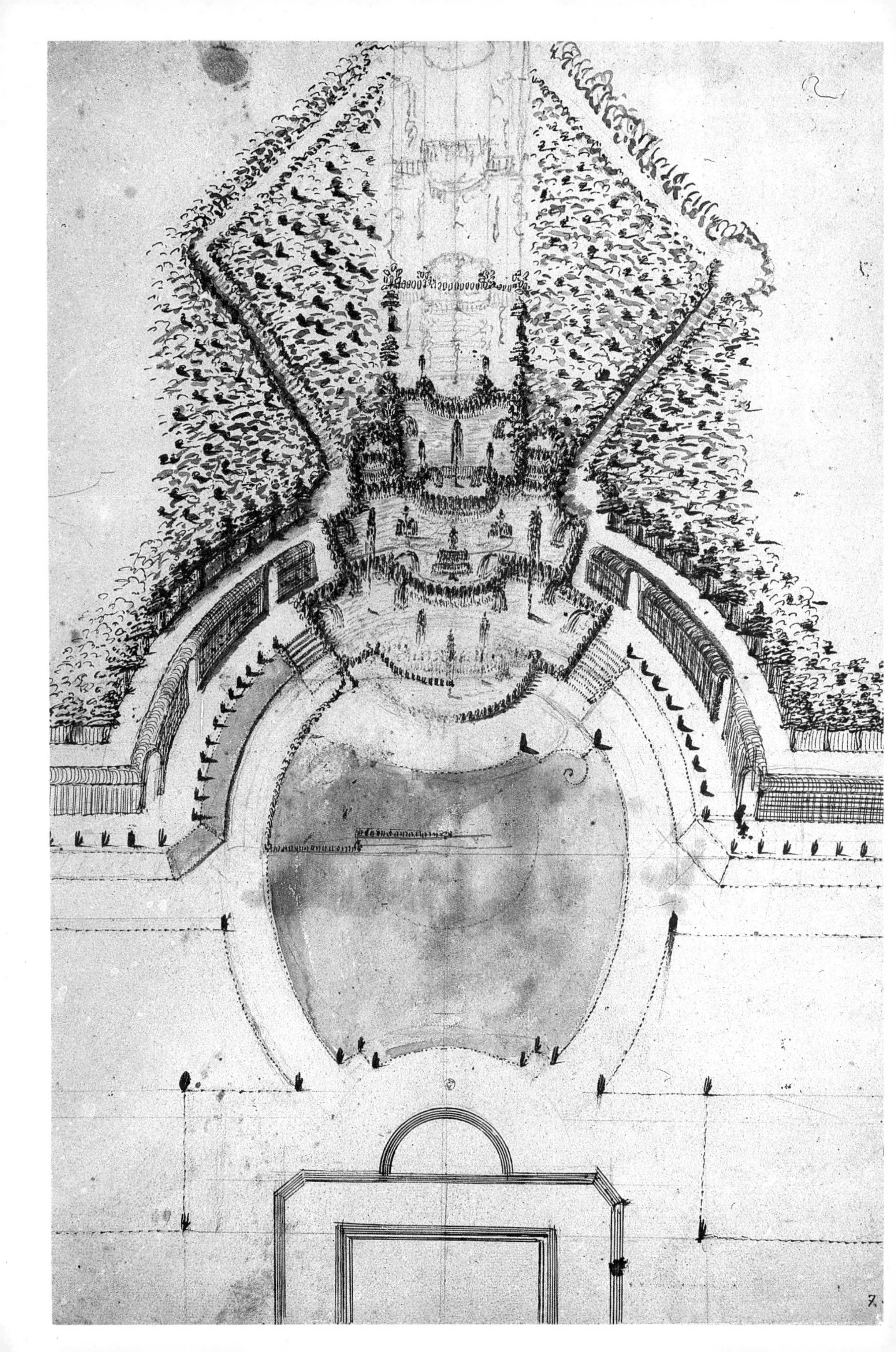

A
B

Parterre de découpé à Issy du S.r le Nostre
1. 2. 4. 5. 6. Toises.

Oben: Das Schloß von Castries.
Unten: Eine Ansicht der Gärten von Castries.

Le Nôtres an Schönheit zweifellos nicht nachstehen. Allein für die Umgebung von Paris muß man noch Ognon, Courances, Dampierre und Conflans nennen. Aber häufig gibt es nur schwache Indizien oder Vermutungen, die es uns erlauben, diesen oder jenen Garten dem Schöpfer von Vaux und von Versailles zuzuschreiben. Es besteht kein Zweifel, daß er wegen vieler Gärten zu Rate gezogen wurde; aber wo soll man beginnen mit der Zuweisung, vor allem wenn man weiß, daß Le Nôtres Papiere praktisch nicht vorhanden sind, und wenn man dazu noch den Eindruck hat, daß jeder weiträumig geplante Garten ihm automatisch zugeschrieben wird – das stellt in den meisten ungeklärten Fällen ein Problem dar. In der Provinz scheinen nur Louvois in der Champagne, Castres und Castries in der Languedoc sowie die Gärten von Archevêché in Bourges gesichert zu sein. Aber Le Cateau und La Hotoie im Norden Frankreichs, oder Kerjean und la Seilleraye in der Bretagne, oder der seltsame Garten von Cordès in der Auvergne? Was jedoch gewiß ist und was unser Interesse wecken muß, sind die Merkmale eines Stils und dessen Nachahmungen sowohl in Frankreich als auch im Ausland, in verschiedenem Ausmaß und mit unterschiedlichem Erfolg.

Man muß noch die Parterres de broderies erwähnen, die für die Gärten der Hauptstadt bestimmt waren und deren Pläne wir noch besitzen: unter anderen die für das Hôtel de Condé, für das Hôtel de Louvois und das Hôtel de Marsan, und die für die Jardins des Incurables.

# Le Nôtres Einfluß in Europa

Während seiner Ausbildung im Atelier Simon Vouets hatte Le Nôtre Gelegenheit, sich mit Italien zu beschäftigen, sei es durch seinen Lehrmeister oder sei es durch die Pläne, die er kopiert hatte. Im 17. Jahrhundert wurde der Schwerpunkt auf die Kunsttheorie und das Lernen am Beispiel gelegt, und es gab nur wenige talentierte Künstler, Architekten, Maler oder Bildhauer, die keine Möglichkeiten oder Mittel hatten, eine Reise über die Alpen zu machen. Le Nôtre hatte Beziehungen zu Poussin, namentlich während des Pariser Aufenthalts des Malers, der im Garten der Tuilerien wohnte; er pflegte auch einen Briefwechsel mit Bernini in Rom, den er während dessen Besuch in Paris traf. Le Nôtre konnte indessen erst im Alter von 65 Jahren seine „Italienreise" machen und die Landschaften und Gärten entdecken, die er nur durch Darstellungen und Beschreibungen hatte kennenlernen können. Sein Neffe Desgots wurde als Schüler der jungen Académie de France in Rom aufgenommen, und dies war die Gelegenheit, dem Gärtner eine Gunst zu erweisen. Der König hatte Le Nôtre, wie auch andere Künstler, schon eingeladen, ihn auf seinen Feldzügen zu begleiten, und so billigte er die Reise, die Colbert Le Nôtre anbot, oder regte sie vielleicht sogar an.

Le Nôtre verreist also 1679, um Italien, die Städte, die Gärten, die Kunstwerke zu entdecken. Er wird mit mehreren Aufgaben betraut. Die erste war ein Hauptanliegen des Königs: Er wollte Bescheid wissen über die Qualität und den Stand der Arbeit an einer Reiterstatue, die er bei Bernini fünfzehn Jahre zuvor in Auftrag gegeben hatte und die noch nicht beendet war. Le Nôtre war der Ansicht, sie solle nach Frankreich geschickt werden. Die zweite Aufgabe bestand darin, aus Rom über das Befinden und die Tätigkeit der Académie de France zu berichten, die erst vor kurzem (1666) dort gegründet worden war. Die dritte Aufgabe ist in seiner Korrespondenz mit dem französischen Botschafter in Rom erwähnt: „Herr Le Nôtre begibt sich nach Italien, nicht so sehr aus eigener Neugierde, sondern um sorgfältig zu prüfen, ob er etwas recht Schönes finde, das würdig sei, in den Königlichen Häusern imitiert zu werden oder das ihm neue Ideen für die schönen Pläne eingibt, die er täglich zur Zufriedenheit und Freude seiner Majestät erfindet." Le Nôtre wird folglich in Rom als bedeutende Persönlichkeit empfangen, vor allem von Papst Innozenz XI. Er trifft Bernini, er besichtigt die Stadt zusammen mit seinem Neffen Desgots: Die öffentlichen Plätze und ihre Brunnen, die Kirchen, die Bilder und die berühmten Skulpturen versetzen ihn in noch größeres Erstaunen als die Gärten, in denen er nicht vorfindet, was er sich vorgestellt hat. „Seinem Urteil nach sind sie den Gärten seiner Heimat nicht ebenbürtig", schreibt Desgots.

Nachdem er dem Papst die Pläne von Versailles gezeigt hat, wird Le Nôtre gebeten, eine neue Ausstattung für die Residenz von Camigliano zu schaffen. Die Residenz stand auf einer Anhöhe und besaß Terrassen, von denen aus man die Gärten und die Landschaft bewundern konnte. Die

Gärten im italienischen Renaissancestil waren verschiedene Male umgestaltet worden, bevor sie dem „französischen Geschmack" angepaßt wurden nach den Regeln, die Le Nôtre für die Schlösser der Ile-de-France festgelegt hatte. Le Nôtre unterbreitete in der Folge den Vorschlag, unmittelbar vor der Fassade der Villa Wasserspiegel anzulegen, die die lebhaften Farbtöne des italienischen Himmels annehmen und das Licht in den Salons mit den vielen Fenstern reflektieren sollten. Camigliano benutzt als erster Garten Wassereffekte und eine von Le Nôtre ausgearbeitete Anlage im französischen Stil. Man kann trotzdem nicht sagen, Le Nôtre habe viel dazu beigetragen, den Stil der italienischen Gärten zu verändern. Erst lange nach seinem Tod sollte ein bedeutender Garten entstehen, von dem man sagen könnte, er sei nach „französischem Geschmack". Die Rede ist von Caserte, einem Werk Vanvitellis, einem seltsamen und verspäteten Werk, das im Kontext des italienischen 18. Jahrhunderts irgendwie erstaunlich ist. Dieser Garten mit monumentalen Ausmaßen kann eher durch die Weite seiner Perspektiven und durch den geometrischen Stil der Komposition als durch die Art der Dekoration (eine berühmte Gruppe, die besonders den Mythos Aktaions darstellt) zu Le Nôtres Nachkommenschaft gezählt werden.

Kurz nach seinem Erfolg von Vaux wurde Le Nôtre von Charles II. von England eingeladen. Einige Autoren glaubten schreiben zu müssen, daß Le Nôtre tatsächlich über den Kanal gereist sei; heute kann man mit großer Sicherheit annehmen, daß diese Reise nicht stattgefunden hat. Gewisse Pläne Le Nôtres, die in England entdeckt wurden und mit Anmerkungen von seiner Hand versehen sind, waren in Wirklichkeit für die in den englischen Gärten arbeitenden französischen Gärtner bestimmt. Auf diese Weise hat Le Nôtre zur Umgestaltung von Hampton Court, St. James und Greenwich beigetragen. Die Anmerkungen sollten notwendige Instruktionen bei der Ausführung der Pläne vermitteln, während deren Urheber abwesend war. Der Brief Charles' II. an seine Schwester Henriette, die Herzogin von Orléans geworden war, ist eine zusätzliche Bestätigung dafür, daß Le Nôtre sich in Frankreich aufhält, während die Arbeiten durchgeführt werden: „Ich bitte Sie, Monsieur Le Nôtre an seinem Modell weiterarbeiten zu lassen; und sagen Sie ihm bloß, daß ich Wasser auf die Anhöhe des Hügels leiten werde und daß er folglich den Abhang durch eine Kaskade verschönern kann wie in Saint-Cloud."

Der Einfluß Le Nôtres im Ausland ist manchmal schwer zu unterscheiden vom Einfluß des französischen Gartens im allgemeinen. Er vermischt sich überdies mit dem der Gartenbautechnik seiner Heimat oder seiner Mitarbeiter. England hatte bereits die De Caus und die Mollets eingeladen, die anschließend nach Europa, von Hof zu Hof, reisten, Gärten gestalteten und Bücher über ihre Kunst veröffentlichten oder übersetzten. Claude Mollet begab sich nach Schweden, wo er zusammen mit Tessin im Garten von

Oben: Die Wasserspiele der Gärten von Caserte. Dieses Werk Vanvitellis aus dem Jahr 1752 ist von allen Gärten in Italien der „französischste".
Unten: Greenwich, Luftbild.

Ekolsund, Drottningholm und Fredensborg arbeitete; Tessin korrespondierte mit Le Nôtre und erhielt von ihm mit Anmerkungen versehene Pläne verschiedener Gärten; Daniel Marot beteiligte sich an der Gestaltung der Gärten von Het Loo in Holland, bevor ihm die Gärten des Grafen von Nassau anvertraut wurden. Charbonnier und Girard entwarfen Herrenhausen, Nymphenburg, anschließend das Belvedere in Wien. Die Schlösser Schönbrunn in Wien, Peterhof in Rußland und La Granja in Spanien sind eher von Versailles' Prunk als von der Sensibilität seines Gartenarchitekten inspiriert.

Obwohl es noch schwieriger ist, die Spielregeln der Einflüsse für die Gartenkunst zu durchschauen als die für die Architektur, bleibt gewiß, daß Le Nôtre der Name eines Stils ist und daß dieser Stil – mit mehr oder weniger Glück – auf ganz Europa eine Anziehungskraft ausübte. Da Versailles das vollendete Vorbild eines prunkvollen Signums war, hat jeder Hof in Europa versucht – vorausgesetzt, seine Mittel waren ausreichend –, sich davon inspirieren zu lassen. Wir haben gesehen, daß Le Nôtres Genie über dieses Signum hinausging – aber vielleicht finden wir gerade in der Ablehnung, die ein Jahrhundert später im Zusammenhang mit dem englischen Landschaftsgarten den Gärten ein völlig anderes Aussehen verleihen wird, vielleicht finden wir im Gegensatz also die Bestätigung für die stilistische Einheit einer Epoche, deren Held und deren sehr unfreiwilliger symbolischer Anstifter Le Nôtre ist.

„Schnurgerade Kanäle kamen an Stelle der frei sich schlängelnden Bäche auf; und peinlich gekünstelte Terrassen wurden an Stelle der ursprünglichen Böschung errichtet, die natürlicherweise die Talmulde mit dem Berg zu einer Einheit verbinden... Maßlosigkeit in Arbeit und Aufwand war die Grundlage dieser prunkvollen Zufluchtsorte der Eitelkeit, und jede neue Verschönerung war nichts als ein weiterer Schritt weg von der Natur...", schrieb Walpole in seinem *Essai sur les jardins modernes* (1784 übersetzt vom Herzog von Nivernois).

Eine Seite der Geschichte des Geschmacks war gewendet. Heute wissen wir, daß auch die Englischen Gärten eine Interpretation der Natur und die Projektion einer Weltanschauung sind, daß jede Epoche, wie auch immer sie sei, ihre Werturteile und ihre Einstellungen mehr oder weniger unbewußt durch ihre Kunstwerke hindurchscheinen läßt. Der Reichtum der Erinnerung besteht darin, über alle diese Schichten eines komplexen und vielgestaltigen kulturellen Untergrundes zu verfügen, in dem Le Nôtre als Referenzpunkt des Klassizismus wirkt. Er war sich dessen keineswegs bewußt und starb im Alter von siebenundachtzig Jahren – glücklich, ganz einfach der Gärtner eines Königreichs gewesen zu sein, das seine Gärten zum Ort der Freude und zu seiner Trophäe gemacht hatte.

# CHRONOLOGIE

Zwei Ansichten der Gärten von Schönbrunn in Österreich; man sieht, welchen Nutzen die europäischen Fürstenhöfe aus dem Beispiel von Versailles (oben) und von Vaux (unten) zu ziehen verstanden.

1613
Am 12. März wird André Le Nôtre in Paris, rue Saint-Honoré, geboren.

1615
Salomon de Brosse beginnt mit dem Bau des Palais de Luxembourg.

1630
Bau des Novizenhauses der Jesuiten, rue Saint-Antoine (heutige Kirche Saint-Paul). Le Nôtre arbeitet mit Claude Mollet in der Gartenanlage der Tuilerien. Er wird das Atelier Simon Vouets besuchen und da Le Brun und Le Sueur begegnen.

1635
Gründung der Académie Française. Baubeginn der Kirche der Sorbonne. Le Nôtre wird zum Ersten Gärtner von Gaston d'Orléans, dem Bruder des Königs, ernannt.

1640
Nicolas Poussin hält sich in Paris auf. Heirat Le Nôtres.

1642
Tod Richelieus und, ein Jahr später, Louis' XIII.

1645
François Mansart beginnt mit dem Bau des Val-de-Grâce. Le Nôtre arbeitet in der Gartenanlage der Königin in Fontainebleau.

1648
Ausbruch der „Fronde" (Aufstand des französischen Hochadels und des Parlaments gegen das absolutistische Regime der Königin Anna und des Kardinals Mazarin; zu diesem Zeitpunkt ist Louis XIV. noch minderjährig). Der Aufstand dauert fünf Jahre.

1649
Le Nôtre wird als Gärtner in den Tuilerien, wo er dreißig Jahre lang arbeiten wird, beamtet.

1651
Louis XIV. besucht anläßlich einer Jagd erstmals Versailles.

1656
Le Vau, Le Brun und Le Nôtre beginnen mit den Arbeiten in Vaux-le-Vicomte.

1659
Première der *Précieuses ridicules* (Komödie von Molière).

1660
Heirat von Louis XIV.

1661
Am 17. August veranstaltet Fouquet zu Ehren des Königs ein Fest in Vaux. Molière bringt *Les Fâcheux* zur Aufführung. Verhaftung Fouquets.

1662
Arbeitsbeginn im Garten von Versailles. Ausstattung des Petit Château.

1663
Das Bassin d'Apollon wird ausgehoben. Le Nôtre beginnt mit den Arbeiten in Saint-Germain (Parterre de la Galerie du roi) und in Chantilly (Parterre de l'Orangerie). Le Brun schmückt die Galerie d'Apollon im Louvre.

1664
Colbert wird zum Oberintendanten über die Gebäude ernannt. Vom 7. bis 11. Mai finden die Festlichkeiten *Plaisirs de l'Ile enchantée* statt.

1665
Reise des Cavalier Bernini nach Paris; er soll am Ausbau des Louvre arbeiten. Le Nôtre beginnt mit den Umgestaltungen in Saint-Cloud.

1666
Arbeiten am „Hufeisen" rings um das Bassin de Latone.

1667
Arbeitsbeginn an der Kolonnade des Louvre (Perrault). Première von Racines *Andromaque*. In Versailles gestaltet Le Nôtre die Allée du Tapis-vert und beginnt mit dem Ausheben des Grand Canal.

1668
Großes Fest anläßlich des Friedens von Aix-La-Chapelle. Le Vau beginnt mit den Arbeiten am Schloß von Versailles.

1669
Entwurf der großen Terrasse von Saint-Germain. Bassin de Neptune. Für Marie Mancini redigiert Louis XIV. seine erste Fassung der *Manière de montrer les jardins de Versailles*. Molière legt seine definitive Version des *Tartuffe* vor. Leichenrede Bossuets für Henriette d'Angleterre.

1670
Tod Le Vaus. Der Grand Canal in Chantilly wird ausgehoben.

1671
Blondel errichtet die Porte Saint-Denis. In Versailles wird das Parterre d'Eau umgestaltet: ein rundes zentrales Bassin in Verbindung mit vier kleinen Becken von unregelmäßiger Form.

1672
Bau des Trianon aus Porzellan und seiner Gärten.

1673
Beginn der Mitarbeit von Jules Hardouin-Mansart in Versailles. Tod Molières.

1674
Großes Fest in Versailles anläßlich der Eroberung der Franche-Comté. Die Republik Venedig schenkt dem König Gondeln aus Gold für den Grand Canal. Das Bosquet de l'Encelade, die Ile Royale oder Ile d'Amour werden geschaffen, das Bassin des Saisons ausgehoben. In der Provinz: Gärten von Clagny und la Colombière bei Dijon.

1675
Le Nôtre erhält die Ordenskette Saint-Lazare. In Versailles: Bosquet des Sources, Bosquet de la Renommée, wo Mansart die kuppelförmigen Pavillons placiert. Das Bassin de l'Octogone in Sceaux wird ausgehoben.

1677
Première der *Phèdre* (Racine) im Hôtel de Bourgogne. In Versailles wird der Berceau d'Eau durch die Trois Fontaines ersetzt.

1678
Friede von Nijmegen. Nach einer Zeichnung von Le Brun wird das Bosquet de l'Arc de Triomphe geschaffen. Nicodemus Tessin besucht Frankreich. Erste Entwürfe Le Nôtres für Meudon. Beginn der Arbeiten an der Galerie des Glaces.

1678–79
Italienreise Le Nôtres. Er wird von Papst Innozenz XI. persönlich empfangen. Baubeginn des Schlosses von Marly.

1680
Erneute Umgestaltung des Parterre d'Eau: das zentrale Bassin wird vergrößert und direkt mit den Nebenbassins verbunden. Die Thetisgrotte wird im Hinblick auf den Bau des nördlichen Flügels des Schlosses zerstört. Die Skulptur *Apollon servi par les Nymphes* von Girardon wird von ihrem Standort entfernt.

1683
Tod Colberts. Auf Louvois' Befehl übernehmen Mansart und Le Nôtre die letzte Umgestaltung des Parterre d'Eau (heutiger Zustand).

1684
Mansart und Le Nôtre gestalten die Orangerie um. Mansart konstruiert die Kolonnade. Le Nôtre entwirft die „Rivière" von Marly.

1687
Neubau des Trianon: Le Nôtre ist an der Planung des Pavillons aus rosarotem Marmor und der offenen Galerie beteiligt und entwirft die Gärten. Charles Perrault veröffentlicht *Parallèle des Anciens et des Modernes.* Der Lac des Saisons wird von den Schweizergarden ausgehoben.

1691
Mansart beendet den Dôme des Invalides. Tod Louvois'.

1692
Le Nôtre übergibt sein Amt als Gebäudeaufseher seinem Neffen Desgots.

1693
Er schenkt dem König seine Kunstwerke; darunter befinden sich drei Gemälde von Poussin.

1695
Ende der Arbeiten im Garten von Meudon. Gesamtplan von Pontchartrain.

1698
Le Nôtre schreibt dem Grafen von Portland, Oberintendant der königlichen Gärten von England, um sich für eine Goldkette zu bedanken; diese war ihm geschenkt worden, nachdem er einen seiner Pläne geschickt hatte.

1700
Le Nôtre stirbt am 15. September in seinem Haus in den Tuilerien. Er wird in Saint-Roch unter der Büste, die er bei Coysevox bestellt hatte, begraben.

## BIBLIOGRAPHIE

### GESCHICHTE DES GARTENS ALLGEMEIN

William Howard Adams, *Les jardins en France, 1500–1800, Le Rêve et le Pouvoir,* Paris 1979.
Anthony Blunt, *Art et architecture en France, 1500–1700,* Paris 1983.
Anthony Blunt, *Kunst und Kultur des Barock und Rokoko,* Freiburg 1979.
M. Charageat, *L'Art des jardins,* Paris 1962.
Derek Clifford, *Histoire de l'art des jardins,* Paris 1964. (Deutsch: *Geschichte der Gartenkunst.* Hrsg. v. Heinz Biehn, München 1966.)
L. Corpechot, *Les jardins de l'intelligence,* Paris 1912.
E. de Ganay, *Les jardins de France et leur décor,* Paris 1949.
G. Gromort, *L'art des jardins,* Paris, Neuausgabe 1983.
Wilfried Hansmann, *Gartenkunst der Renaissance und des Barock,* Köln 1983.
Dieter Hennebo, *Geschichte des Stadtgrüns, Bd. I: Von der Antike bis zur Zeit des Absolutismus,* Hannover 1970.
Ronald King, *Les paradis terrestres,* Paris 1980.
Louis Hautecœur, *Les jardins des dieux et des hommes,* Paris 1959.
Paolo Santarcangeli, *Le livre des labyrinthes,* Paris 1974.
Manfredo Tafuri, *Architecture et humanisme,* Paris 1981.
Christopher Thacker, *Histoire des jardins, Paris 1981.* (Deutsch: *Die Geschichte der Gärten,* Zürich 1979.)

### ÜBER LE NÔTRE

E. de Ganay, *André Le Nostre,* Paris 1962.
Jules Guiffrey, *André Le Nostre,* Paris 1912.
Pierre de Nolhac, *Les jardins de Versailles,* Paris 1906.
*La création de Versailles,* Versailles 1901.
*André Le Nôtre,* Catalogue de l'Exposition de la Bibliothèque Nationale, Paris 1964.

### THEORETISCHE ABHANDLUNGEN

J. Androuet du Cerceau, Le premier (et le second) volume *Des plus excellents bastiments de France,* Paris 1576–1579.
J. Boyceau, *Traité du jardinage selon les raisons de la nature et de l'art,* Paris 1638.
I. de Caus, *Les nouvelles inventions de lever l'eau plus haut que sa source,* London 1644.
S. de Caus, *Les raisons des forces mouvantes avec diverses machines tant utiles que plaisantes,* Frankfurt 1615.
Francesco Colonna, *Hypnerotomachia Poliphili,* Venezia 1499, Neuausgabe Padova 1964.
A. J. Dézallier d'Argenville, *La théorie et la pratique du jardinage,* Paris 1709.
A. Mollet, *Le jardin de plaisirs,* Stockholm 1651, Neuausgabe Paris 1981.
C. Mollet, *Théâtre des plans et jardinages,* Paris 1652.
S. Serlio, *Tutte l'Opere d'Architettura,* Venezia 1660.
O. de Serres, *Le théâtre d'Agriculture et mesnage des champs,* Genève 1651.

### LITERATUR DER EPOCHE

Germain Brice, *Nouvelle description de Paris,* Paris 1684.
A. J. Dézallier d'Argenville, *Voyage pittoresque des environs de Paris,* Paris 1755.
A. Félibien des Avaux, *Description de Versailles,* Paris 1679.
La Fontaine, *Le songe de Vaux, Les Amours de Psyché* et *Les merveilles de Vaux.*
Molière, *Les Plaisirs de l'Ile Enchantée.*
C. Perrault, *Le Labyrinthe de Versailles,* Paris 1677, Neuausgabe Paris 1981.
Piganiol de la Force, *Nouvelle description des châteaux et parcs de Versailles et de Marly,* Paris 1701.
Saint-Simon, *Mémoires.*
Melle De Scudéry, *Clélie,* Paris 1650–1669 et *La promenade de Versailles (Histoire de Célanire),* Paris 1661.

### AUSWAHL HISTORISCHER ILLUSTRATIONEN

C. Le Brun, *Recueil de desseins de fontaines et de frises maritimes,* Paris 1693 (?).
J. Le Pautre, *Grottes et vues de jardins,* Paris, o. J.
J. Marot, *Recueil des plans, profils et élévations de plusieurs palais, chasteaux, églises ...,* Paris, o. J. (circa 1660–1670).
A. Pérelle, *Les places, portes, églises et maisons de Paris,* Paris, o. J.
*Les plans, profils et élévations des villes,* Paris 1714–1715.
*Recueil général du château de Versailles,* Paris 1664–1689.
*Veues des plus belles Maisons de France,* Paris, o. J.
Israël Silvestre, *Vues, plans et décorations intérieures du château de Versailles,* Paris 1664–1689.

# INDEX

Die kursiv gesetzten Wörter und Zahlen verweisen auf Illustrationen.

# BILDNACHWEIS

AÉRO-PHOTO:
31

BIBLIOTHÈQUE DE L'INSTITUT
(cl. Bulloz):
51a, 55a, 56a, 63a, 64a, 71a, 74, 78, 81a-b, 93b, 97b, 118

BIBLIOTHÈQUE NATIONALE:
13a-b, 14a-b, 15a-b, 23a, 30a, 43b, 44a, 49b, 56b, 66, 67a-b, 93c, 96a-b, 101a, 105d, 107b, 109a-b, 111a, 115b, 120a-b-c, 121a-b, 123b-c

BIBLIOTHÈQUE DU PAYSAGE
(cl. Josse):
123a, 129a

BULLOZ:
65a, 113a, 130

GIRAUDON:
20, 23b, 24, 25a, 34

LUC MEICHLER:
8, 29a-b, 43a, 44b, 45, 47b, 49a, 59a-b, 61a-b, 63b, 83a-b, 84, 85, 86, 87a-b, 93a, 99a-b, 102a-b, 103a-b, 105a, 107a, 111b, 113b

MILLET (TOP):
125a-b

NATIONAL MUSEUM, STOCKHOLM:
105b-c, 112, 122

RÉUNION DES MUSÉES NATIONAUX:
38, 47a, 55b, 58, 64b, 68, 119

ROGER VIOLLET:
19a-b, 25b, 57, 71b, 89, 97a, 101b, 131a-b

ANNE TESTU:
33a-b, 36a-b, 37, 40a-b-c, 73, 76a-b-c, 77, 80a-b-c-d

TIMES NEWSPAPERS LTD:
129b

HOLGER TRULZSCH:
6

J. VARGUES (TOP):
115a


Umschlagabbildung:
Versailles, das sogenannte Pièce d'eau des Suisses, vom Parterre du Midi aus gesehen.
Aufnahme von Luc Meichler.